KB199602

지그재그 오르트

Self, 여행을 켜다

구름을 타고

지그재그 오르트 구름을 타고-Self, 여행을 켜다
윤향기 지음

초판 인쇄 2024년 11월 10일
초판 발행 2024년 11월 15일

지은이 윤향기
펴낸이 신현운
펴낸곳 연인M&B
기 획 여인화
디자인 이희정
마케팅 박한동
홍 보 정연순
등 록 2000년 3월 7일 제2-3037호
주 소 05056 서울특별시 광진구 자양로 73(자양동 628-25) 동원빌딩 5층 601호
전 화 (02)455-3987 팩스 (02)3437-5975
홈주소 www.yeoninmb.co.kr
이메일 yeonin7@hanmail.net

값 18,000원

ⓒ 윤향기 2024 Printed in Korea

ISBN 978-89-6253-585-3 03810

지고 재고 오르트 꽃을 타고

Self, 여행을 켜다

윤향기 지음

연인M&B

이 책은 '지그재그 오르트 구름을 타고' 바라본 푸르른 지구별 이야기입니다.

나의 길잡이, 나의 결점, 나의 힘인 여행!

두근두근 구름 위의 산책이지요. 적금을 들고 생활비를 아끼고 아껴서 발품 판 '밥보다 여행'의 기록입니다. 마음의 내란이 일 때마다 걱정을 없애려고 떠나는 여행.

오래된 곳은 기억하느라 힘이 들었고 최근에 다녀온 곳은 품이 좀 덜 들었습니다. 여행자라는 단어를 좋아하는 그대들과 이곳저곳을 함께 다니고 싶습니다. 바람이 내리는 몽골 초원에서 쏟아지는 별을 따 목걸이를 만들고, 오로라를 보기 위해 핀란드에서 뜬눈으로 밤을 새워 기다리고, 시베리아 벌판을 횡단하는 기차 안에서 〈자크린의 눈물〉 방울에 심쿵하다가, 튀르키예의 뜨거운 모래커피에 혀를 데이고, 페루의 라마 웃음소리에 콰당 엎어지기도 합니다.

노을이 느리게 서 있는 플로리안 카페에 모여 앉아서 지는 해를 보다가 저물다가 어둠 속 작은 반딧불이라도 된다면, 반딧불이처럼 자유로워지는 법을 알게 된다면 정말 행복하겠습니다.

　　고맙습니다.
　　그대!
　　그냥 그냥
　　그대!

그대를 응원합니다

2024년 10월에

윤 향기

|차례|

프롤로그   04

어쩌면, 5번째 계절   10

Good bye 소년   23

한잔 자스민차에의 초대   34

몽골 여행 후에 오는 여행   48

나를 춤추게 한 뉴욕 12첩 반상   62

배려, 그 아름다운 약속   72

그대와 함께한 그 모든 시간   82

9일간의 세헤라자데!   90

프라하의 봄   103

오꾼찌란 캄보디아!   110

라 쏘로! 지지 쏘소! 따시델렉!   118

북구 신화를 만나다   127

Here´s looking at you, kid!(당신의 눈에 건배를!)   136

그리스 · 이집트 · 튀르키예   150

벌레의 노숙   161

그를 볼 때마다 나는 하나도 남지 않는다   172

바다 도서관, 그 섬나라에서   181

플로리안 카페에서 비발디와 보낸 한 시간   194

지그재그, 오르트 구름을 타고!   205

스무 번의 하루 그리고 다섯 개의 이야기   224

중국식 표정이라는 스펙트럼   237

일본   248

치앙마이 한 달 살기   256

지그재그 오르트

Self, 여행을 켜다

구름을 타고

어쩌면, 5번째 계절

: 영화 〈원스〉의 한 장면

1. 더블린

더블린은 추운 이름이다.

이제 사랑은 더 이상 없을 거라고 믿었던 '그'와 '그녀'가 걸었던 영화 〈원스〉의 배경인 더블린 시내를 걷는다. 영국보다 조금은 덜 세련되고 조촐한 아일랜드가 더블린풍으로 인사를 한다. 자원 없이 사람이 자원인 것, 외국 진출해 큰 인물이 되어 고국으로 돌아와 나라를 일으키는 힘 등, 그런 힘으로 고속 성장한 현재는 800여 년의 지배자 영국을 앞질렀다.

　기네스 공장 박물관을 들렀다. 저 스스로 여미었던 옛날이야기 하나가 원주민의 얼굴을 슬쩍 보여 준다. 그 유명한 '기네스북'이 이 맥주공장 직원들에 의해 창시되었다면 믿으시겠는가?
　어느 날 야유회 겸 맥주공장 직원들이 사냥을 나갔다. 직원들이 편을 갈라 새를 쏘아 맞히는 경기를 한 후 어느 편의 새 숫자가 더 많은지 그 숫자를 적은 것이 시효가 된 것이다. 이처럼 유익한 일의 처음은 참으로 시시한 경우가 다반사다.

　밤새 봄비가 지나갔나 보다. 더블린 시 중앙에는 폭이 25m도 될 것 같지 않은 개울물 같은 리피강이 흐른다. 그 강에 있는 하프페니 다리는 1816년에 건설된 최초의 다리로 100년간 0.5페니(50펜스)를 통행세로 받아서 부쳐진 이름이다.

　또 있다. 보르헤스처럼 평생 실명의 고통을 안고 노벨 문학상 작가가 된 제임스 조이스 다리다. 다리 이름에 유명 작가들을 등장시킨 문화를 부러워하며 세계 노벨 문학상에 빛나는 5명의 아일랜드 문호들을 '더블린 작가박물관'에서 만났다.
　명성과는 달리 박물관 규모는 아주 소박하고 아담하다. 부조리극 작가로, 우리 시대 마지막 모더니스트로, 노벨 문학상을 거머쥔 사무엘 베게트는 사실 「더블린 사람들」을 쓴 제임스 조이스의 사서였다.

　작가박물관에서 나오며 미당 서정주가 살던 남현동 집이 떠올랐다.

새소리가 담긴 작은 가게에서 더블린의 시간이 멈춰진 시계 컵과 빨간 깃털 펜, 페이퍼 나이프 하나를 샀다. 예이츠나 미당 선생님의 편지가 도착할 때마다 나는 이 페이퍼 나이프로 봉투를 열 것이다.

: 하프페니 다리   : 10파운드짜리 제임스 조이스 화폐

햇살 맑은 메리온 스퀘어 공원은 새 지저귀는 소리로 분주하다. 아토피피부병을 앓는 한국 아이들이 이곳에 오기만 하면 거짓말처럼 싹 낫는다고 하더니 정말 공기가 최상급이다. 단조롭고 미니멀한 공

원을 돌아 나오다 바위에 누워 구름과 햇살과 바람의 자유를 만끽하고 있는 오스카 와일드를 만났다.

샛노랗게 덧칠된 동성애란 위악을 굳이 숨기려 들지 않는다. 잠시 낮잠을 청했는지 바위에 팔꿈치를 대고 고개를 약간 들고 다리 하나를 세운 그의 포즈는 기분이 아주 좋다. 보기 좋은 혈색과 캐주얼한 옷차림, 그런데 그가 사랑하는 미소년 알프레드 더글라스가 금방 떠났는지 그의 옆자리가 아직 따뜻하다.

제비가 왕자의 보석 눈알을 빼다 가난한 이에게 전해 주던 「행복한 왕자」는 멀리 파리 동쪽 '페르라셰즈 묘지'에 쇼팽, 알퐁스 도데, 발자크, 이브 몽탕, 에디트 피어프와 함께 시큰둥하게 누워 있다.
아시다시피 임종 순간에 "우물쭈물하다가 내 이렇게 될 줄 알았다."며 눈을 감은 조지 버나드 쇼는 평소 채식주의자여서 그랬는지 전생의 형제여서 그랬는지 그의 장례 행렬에는 사람보다 많은 양과 소, 염소, 고양이 떼들이 울면서 뒤를 따랐다는 후문이다.

: 오스카 와일드

: 제임스 조이스 타워

낯선 새들의 목소리에 눈을 떴다. 아침부터 하늘이 뿌옇다. 윌리엄 버틀러 예이츠 묘지를 향해 이동한다. 민요 〈대니 보이〉가 흘러나온다. 예술가란 이름을 걸친 사람들은 다른 한 계절을 더 창조하여 사람들을 열광시키며 그 계절 속으로 그대를 집어넣는다.

누군가에게 열광하고 누군가를 열광시키는 사람은 사랑에도 성공한다는데 그 정반대인 사람도 있다. 사랑과 지내려다 사랑을 지나친 바로 예이츠다. 마침표 없이 사랑의 문장을 닫기도 했을 예이츠에 홀려 소낙비를 뚫고 그가 묻혀 있는 북서부 슬라이보 지방으로 달린다.

100여 년 전 타이타닉이 처녀항해를 떠나던 날처럼 물랑무아 해변은 물색이 좋다. 위클로산 계곡을 돌아 나가자 노란 가시나무 꽃 히스가 지천으로 흐드러져 있다. 평평하게 오래 바라보고 달리는 코스가 황량하기 그지없다. 해변 언덕 위로 중세의 고성들이 지나간다.

더블린의 하루에 에로스, 타나토스, 섹스 같은 고전 과일을 넣고 그 위에 오디세이 갈색 소스를 뿌리고 민족주의 관념 치즈까지 곁들여 균형을 본다.

작은 바닷가에 덩그러니 놓여 있는 「율리시즈」를 집필한 '제임스 조이스 타워'도 휙 지나간다. 음울한 구름, 매서운 바람 소리만 이방인을 맞는 황량한 등성이를 오른다.

광활한 원시의 판타지 위로 노란색 히스의 장관이 에밀리 브론테 소설 「폭풍의 언덕」 같다. 야생마 같은 캐서린과 반쯤 미친 히스클리프가 히스꽃 들판을 맨발로 쏘다닌다.

벤블벤산의 정상은 짙은 구름에 쌓여 있고, 군락을 이룬 바람은 음율을 싣고 들판으로 휘몰아친다. 부슬부슬 달리는 승용차 속으로 여우비가 은밀하게 감겨든다.

: 예이츠 동상

예이츠가 백조의 눈 속을 상상하며 낚시를 즐겼다는, 낚시하며 시상을 가다듬었다는 꿈같은 호수가 앞에 있다. 비까지 내려 마치 신선계와 맞닿은 것 같은 호수에는 백조들이 숭어를 노래하고 있다. 그의 시에 밤나무

: 예이츠의 시 한 수가 새겨져 있는 석판

가 자주 나오던 작은 오솔길을 돌아 나오자 드럼클리프 성당묘지 앞마당에는 한 사람이 똥 누는 폼으로 앉아 있다. 그 사람이 깔고 앉은 넓은 석판에는 예이츠의 시 한 수가 큰 글씨로 새겨져 있다.

일어나 지금 가리, 이니스프리로 가리
가지 얽고 진흙 발라 조그만 초가 지어
아홉 이랑 콩밭 일구어, 꿀벌 치면서
벌들 잉잉 우는 숲에 나 홀로 살리

_예이츠 〈이니스프리〉 부분

오래도록 사랑을 갈구했던 여인과 이별한 젊은 예이츠는 울적한 마음에 심령술에 깊이 빠진다. 자신에 대한 통제와 슬픔 속에서 만나 결혼한 여인은 30세 연하의 심령술사인 '하이드 리즈'다. 그녀와 함께 합장한 무덤에는 그의 다난했던 일생만큼 다양한 색깔의 이끼들이 덮여 있다. 이끼 위로 거리의 악사 같은 바람이 지나간다.

묘역에서 나와 다시 산과 호수를 끼고 이니스프리를 향해 30분을 달린다. 슬라이고에 도착해 자동차 한 대가 겨우 지날 만한 좁은 시골길로 걸어 들어가니 넓은 호수가 나타나고, 눈앞에 호빵만한 작은 섬 하나가 보인다. 미리 전갈이라도 받은 듯 농가에서 검둥개 한 마리가 마중을 나온다. 검둥개의 머리를 쓰다듬는다.

이니스프리는 소문대로 아름답지도 벌이 잉잉거리지도 않는다. 듣기만 해도 기분 좋은 시(詩) 호도(湖島)는 호수 한가운데 점처럼 외롭게 떠 있고 그 곁에는 한자리에 몇 백 년 동안 비와 해풍에 삭아 가는

: 이니스프리

나룻배가 있다.

　나는 나룻배 내부에 오래 머물며 호도를 바라본다. 신화적 공간에 앉아 있는 것처럼 몽롱하다. 물안개 낀 호도를 누군가 멀리서 바라다보았다면 그 순간 나는 쓸모없는 낭만의 풍경을 풍요롭게 하는 벌새쯤으로 보였을까?

　그때에 의식의 무한지대 어느 지점에 샛길이 열리고, 홍방울색 날개소리가 그 샛길을 따라간다. 한없이 걸어 들어가 흥분한 나의 내부를 부드럽게 살피고 다닌다. 그 사이 시간 감각을 잃은 듯하다. 나룻배처럼 온몸이 축축해져 밖으로 나왔을 때는 벌써 해가 석양에 걸려 있다. 호숫가에서 만난 검둥이가 차가 있는 곳까지 줄곧 좇아오며 배웅의 예를 갖춘다. 검둥개에게서도 예이츠를 본다.

　풍경을 애정하는 나는 이니스프리를 만난 것이 아니라 이니스프리의 시간과 공간을 만난 것이다. 공간은 생각보다 많은 이야기를 피어나게 한다.

눈의 망막, 귀의 달팽이관, 코의 비점막, 혀의 미뢰, 피부가 수용기로 기억하기 때문인 것 같다.

먼 훗날 어김없이 한 바퀴 걸으면 기분이 좋아지던 길 템플바 거리, 어떤 미남이 머리를 털며 빨간 수건을 널던 골목, 시원한 거품의 기네스 한잔, 오래 머물며 호도를 바라보던 신화적 시간이 그리울 것이다.

애인보다 좋다는
누구와 나눠 마실수록 좋다는
맥주 거품들의 검은 수다 속에서
얼어터진 감자 기근의 질긴 정신과
쌉쌀하다가 아득해지는
검은 빙하를 완독으로 넘기는데
흘깃
나를 한번 읽은 더블린의 시간은
세상이 뱉어낸 말풍선보다 먼저 일어나
일몰의 내 심장에 둥둥 북을 친다
슬론차!

_윤향기 〈더블린〉 전문

2. 영국

숙소에서 나와 음식점에 들러 캐밥 하나를 사서 가방에 넣었다. 파란불을 기다렸다가 5분 정도 걸으니 오래된 반구형 성당이 보이고 곧이어 정유소가 나왔다. 터프넬 파크 스테이션, 이곳에서 390번 빨간색 이층버스를 탔다.

　오늘따라 날씨가 청명하다. 다양한 가게들이 지나고 한적한 주택가가 다 끝나가자 다시 아르누보 영향을 받은 듯한 아름다운 건물들이 보인다. 곧이어 올드 팝페라를 부르고 있는 기차역이 서 있다.

　해리포터에서 마법의 공간으로 옮겨지는 킹크로스역. 15년 전에 갔을 때는 분명 낡고 지저분하던 빈민촌 역이었는데, 블링블링 새로운 관광명소로 재탄생하여 다른 장소에 온 것 같기만 하다. 그래도 해리가 이용한 9와 3/4 플랫폼 벽에 카트가 반쯤 박혀 있는 구조물은 예나 지금이나 똑같다.

　영화 〈해리포터〉 시리즈처럼 나도 마법학교 '호그와트'로 가는 기차를 탔다. 해바라기 밭을 끌고 요크도 지나고 Scotch Mist로 불리는 가랑비를 맞으며 북방의 아테네라고 불리는 수도 에딘버러에 들

: 영화 〈해리포터〉 한 장면

19

: 호그와트 기차

: 〈올드랭 사인〉을 작곡한 시인 로버트 번즈 생가

어선다. 기차역에 내리자마자 헉! 하고 막히는 높은 고성들, 어느 쪽
을 둘러보아도 동화 속이다.

3. 스코틀랜드

바위투성이 암벽에 초연하게 서 있는 에딘버러 성. 여기서부터 스코
트 탑, 존녹스 하우스, 듀갈 스튜어트 기념탑, 작가기념관, 헌틀레이
하우스, 홀리루드 궁전까지 1.6km에 이르는 로얄마일 거리는 여행
정신의 중세다. 무심을 강요하지 않는 로얄 거리는 도시 전체가 영

화 세트처럼 아름다워 여행자들을 위한 선물의 집 같다.

스코틀랜드라는 발음이 들려올 때 눈을 번쩍 뜨는 시신경에는 초록 체크 목도리, 빨간 체크 스커트가 와서 콕콕 박힌다.

두리번두리번거리고 있는데 카페 '엘리펀트 하우스'가 먼저 말을 걸었다. 지구촌을 뒤흔든 조엔 K. 롤링이 창가에 유모차를 붙박이로 세워 놓고 「해리포터」를 쓰고 있다. 안쓰러워 그녀에게 갓 볶아 내린 따뜻한 커피 한잔을 대접하고 파이팅을 외치고 곧 뒤돌아 나왔다.

무엇을 찾으러 난 여기까지 왔을까?
좋은 풍경일까?
좋은 사람들일까?
아니면 즐거운 이야기일까?

에딘버러 성안은 이른 아침부터 북새통이다. 먹구름 시대에 태어났던 아침의 원소 속에는 생성되고 펼쳐지고 흐르며 지속되는 숨어 사는 문장이 있다. 아침의 문장은 달려가지 않는다.

기념관과 박물관을 둘러보다 점심을 먹기 위해 성안에 있는 식당에 자리를 잡았다. 빈자리가 없이 빼곡하다. 음식이 오기를 기다리는데 저쪽 창가에 앉아 이미 식사를 하고 있는 가족이 눈에 들어왔다. 할아버지 할머니와 손자 손녀, 젊은 부부가 먹는 음식 때문이었다. 다름 아닌 검은 물체, 김밥이었다. 참기름 냄새를 반듯반듯 알뜰하게 썬 김밥과 유부 초밥을 펼쳐 놓고 다복하게 먹고 있었다.

그 가족의 밥 먹는 몸짓을 한동안 바라보았다. 한 장의 명화 한
폭을 감상하는 것 같아 기분이 좋았다. 평화로운 일상이 충격을 줄
수도 있다는 걸 알았다.
   무엇을 먹는가를 보면 그 사람이 누군지 알 수 있다 하더니 김밥
하나로 그의 국적이 발각된 셈이다.

   다음 날 아침 네시가 산다는 하이랜드의 네스호로 출발했다. 스코
틀랜드에 오면 꼭 와 보고 싶었던 호수다. 저 목이 긴 괴물을 행여나
보려나 혹시 물밑 그림자라도 보려나 나도 목을 빼고 기웃기웃거렸
으나 역시 허탕이다. 사진에 잡힌 괴물은 잠이 든 건지 움직이는 건
오직 전설뿐!

: 네스호에 산다는 괴물

Good bye 소년

: 페루, 비니쿤카 무지개산

　마흔일곱의 남자. 권총을 입에 물고 방아쇠를 당겨 자살한 작가. 스페인 내전에서 프랑스 레지스탕스 그리고 쿠바 전쟁을 치르고 오직 바다만을 친구 삼아 페루 해변의 모래언덕에 카페를 연 남자. 에릴 아자르라는 다른 이름으로 두 번의 콩쿠르상을 수상한 작가. 다른 단편들과 달리 고독과 유머 사이 진한 허무주의와 페이소스의 여운을 느끼게 해 주는 제목의 책.

나는 프랑스 소설가 로맹 가리의 「새들은 페루에 가서 죽다」 제목만 보고 무작정 페루를 그리워하기 시작했으니 이 병이 중증으로 치달을 때쯤 나는 정말 페루에 서 있었다.

　호텔 창문 너머로 안데스 산기슭의 초록빛 자태와 붉은 기와지붕, 파아란 하늘에 둥둥 떠가는 뭉게구름을 보며 「히피」를 읽는다. 파울로 코엘료 소설 중에 제일 재미있게 새벽의 아름다움을 열고 있다. 새들의 연주가 오직 나만을 위해 한창일 때까지 시간이 느리게 아늑하게 흐르는데 페루로 배낭여행을 떠나온 영혼의 연금술사인 코엘료를 애인처럼 만난다.

　고산병을 견디기 위해 코카 잎을 씹고 수시로 코카차를 마신다.

　삼바춤을 현란하게 추는 브라질 이과수 폭포 그 악마의 목구멍에서 칼새를 만나 비장한 삶을 듣고, 두 팔 벌려 빵산을 안고 있는 거대한 지저스에 홀릭한다. 아, 엄청난 충격은 또 있었다.

: 프리다 칼로

아래 사진의 제일 오른쪽을 유심히 보시라! 확대하시면 더욱 좋다. 다른 것들이 그 나라 고유의 문양을 상징한 페이퍼 나이프지만 갈색의 이것은 주먹이다. 우리나라에서는 금기시된 저열한 욕의 상징. 즉 주먹 쥔 검지와 중지 사이에 엄지를 끼워 넣은 모양인 것이다. 그런데 브라질에서의 의미는 'Good luck!'으로 집집마다 보석으로 치장한 대·중·소 모양을 매달아 놓지 않은 집이 없을 뿐만 아니라 남의 집을 방문할 때나 손님이 왔다 갈 때 선물로 주고받는다. 이럴 수가~

: 페이퍼 나이프와 굿럭주먹

25

난 신생아 주먹만한 놈으로 들고와 그날을 기억한다.

이렇듯 완전히 반대되는 문화를 만날 때마다 당혹스럽지만 그로 인해 우물을 뛰어넘게 되니 수업료가 비싸다 해도 하나도 아깝지 않다.

멕시코 마야문명의 상징인 엘 가스티요 신전의 그림자 뱀이여, 아디오스! 자 드시게, 데킬라 한 잔! 그리고 프리다 칼로 미술관에 들러 고통을 예술로 승화시킨 여신에게 경의를! 쿠바의 살사댄스에 취해 있는 아바나여 튼실한 시가 한 대 눈 지그시 감은 채 피게나.

아르헨티나 페리토 모레노 빙하를 들러 정열적인 탱고로 부에노

스아이레스를 놀래 주고 있는데 에비타 페론의 〈Don't cry for me Argentina〉가 내 속눈썹을 간지른다.

건조한 사막 그림 페루의 나스카라인을 흔들어 깨운 뒤 끊임없이 말을 걸어오는 티티카카호 갈대들과 물고기 노래를 부르다 드디어 기다리고 기다리던 잉카의 마추픽추를 오른다. 새파란 하늘에 아이스크림 같은 구름이 금방 입으로 녹아들어올 것 같은 날이다.

타임머신을 타고 날아왔나 보다.

아름다운 설산 아래 고향에서 사라져 버린 낯익은 아이들이 시골길마다 넘쳐난다. 진흙밭에서 엉덩방아를 찧으며 하얀 라마와 누런 알파카를 몰고 다니고, 내가 다가가 만지다 라마가 갑자기 뛰어올라 넘어지면 곧바로 다가와 모르는 나를 일으켜 세워 준 이름도 묻지 못한 아이들이 있다. 시골길 마을 앞 느티나무 밑에 앉아 병아리 한 입, 토끼 한 입, 참새 한 입, 누런 밀빵 부스러기들을 나누어 먹던 아이들, 그래, 이곳도 고향이었던 거야.

해시계 앞에서 잉카의 에센스를 듣는다.

해마다 6월이 되면 잉카인들은 태양제 3일 전부터 금식으로 몸을 정갈히 하고 태양의 신전으로 가 태양이 떠오르기 시작하면 일제히 태양을 향해 절을 하며 찬양 노래와 함께 '야마'의 배를 갈라 제물로 바쳤다.

그뿐만 아니라 태양신의 동정녀라고 불리는 뒤꿈치가 분홍색인 '아크야(Aclla)'가 있다. 선발된 아리따운 어린 소녀들은 평생을 태양신전에서 봉헌할 것을 서약받고 매일 태양신께 바칠 음식을 만들고 옷을 짜며 일생을 보낸다. 아크야들이 만약에 인간과 사랑에 빠져 순결을 잃는다면 그 즉시 산 채로 매장함과 동시에 그가 속한 공동체 사람들과 동물들은 남김없이 죽임을 당한다.

그것도 모자라 마을을 불태우고 아무것도 자라지 못하도록 그 땅에 소금을 두껍게 뿌려 저주받은 하얀 불모지로 만든다. 이 나이 어린 소녀들은 긴 양 갈래 머리에 손수가 촘촘히 놓인 솜브레로 모자를 쓰고 너풀거리는 색동 리꾸야 숄을 어깨에 두른 채 화려하게 수놓은 전통 개더스커트를 빙빙 돌리며 춤을 춘다. 그럴 때면 치마 속으로 공기가 팽팽하게 들어가 꼭 인형 같았다.

갈대로 만든 께나 피리로 요란하게 〈엘 콘도 파사〉를 부르며 혼을 뺄 것처럼 맨발로 신나게 춤을 추던 '아크야!' 그날 저녁을 먹으며 본

흥겨운 축제가 떠오른다.

'Good bye' 소년을 만난 건 안데스산맥 마추픽추 정상에서였다. 겨우 실한 일곱 살 정도의 체격쯤 될까 한 검게 그으른 피부에 까만 눈동자를 굴리던 남자아이가 우리를 향해 일흔 살의 무표정으로 '안녕하세요?' 인사를 한다. 어? 웬 아이지?

마추픽추 관광을 마친 버스는 문이 닫히고 힘들게 올라왔던 乙乙乙乙乙 같은 산허리를 지그재그 선을 그으며 다시 천천히 내려간다. 한 굽이를 돌자 어디선가 천둥처럼 "Good bye~" 소리가 들려온다. 어디서 나는 소릴까? 잘못 들었나? 또 무심히 한 굽이를 돌자 영락없이 들려오는 "Good bye~" 나는 재빨리 창을 열고 밖을 쳐다본다. 아까 마추픽추 공중정원에서 미소 보시를 한 바로 그 어린 천사다.

버스보다 빨리 내려와 본디 모퉁이에 뿌리박혔던 나무처럼 몸뚱이에 인광을 바른 삶처럼 버스가 나타나기를 기다렸다가 목청껏 "Good bye~"를 들려주고는 버스보다 더 빨리 또 뛰어 내려가 좁은 모퉁이에서 기다렸다가 "Good bye~"를 외치는 아이. 한 굽이 한 굽이 모퉁이를 돌 때마다 거기 본래 서 있었던 아이처럼 집중되는 시선들을 향해 "Good bye~"를 목이 터져라 외치고 햇살 꼬랑지보다 빠르게 지상을 향해 아래쪽으로 뛰어 내려간다.

아버지를 일찍 여의고 병든 어머니와 줄줄이 달린 어린 동생들을 먹여 살리기 위해 열 살이 되기 전에 이미 가장이 된 아이. 병든 삶처럼 지상의 속도로 헐떡이며 내달리던 아이는 버스가 광장에 도착하기

바쁘게 버스 문을 힘겹게 열고 차에 오른다. 깊게 들숨을 들이쉴 틈도 없이 손잡이에 간신히 기대인 채 사람들을 향해 구슬프게 외치는 마지막 호흡 "아안녀엉~"

"가까운 것을 찾기 위해 때로 멀리 떠날 필요가 있다."라는 달라이 라마의 말씀을 실행했으므로 오늘 난 내 안의 저 귀한 귀인을 만난 것이다. 격식을 차리진 않았지만 예의를 잃지 않는 또 다른 나인 이 매캐했던 아이에게 작별을 닮은 백제의 미소를 날렸다.

> (…)
> 아이의 헤진 성대가 하루치의 식량이 되어
> 병든 어미가 이 근심 저 근심으로
> 차려 놓은 호롱불 밑의 저녁 밥상이 되는
> 어린 동생들의 달그락거리는 따뜻한 숟가락이 되는
>
> 이토록 숭고한 안녕을 안아 본 적 있는가
> 이토록 처절한 안녕을 보내 본 적 있는가
>
> 보라, 광막한 늙은 어머니를 닮은 안데스산맥을
> 어머니의 허리춤에서 저 아이와 함께 달리는 나즈막한 구름과 바람을
> 라마 목에 매달린 방울 소리에 한껏 몸을 기울여 매달려 가는 기니피그
> 기니피그보다 더 온몸을 구부려 잠드는 맨발이 환한 저 아이
>
> 저 아이 구불구불한 제 가슴속 어딘가에
> 분명 육탈한 날개 하나 지니고 있으리라.
>
> _윤향기 〈Good bye 소년〉 부분

누군가의 삶에 대해서 이해한다고 말했던 말들을 다 거둬들인다.

쉬운 말로 가타부타 방향을 지시하던 손가락을 멈춘다. 그 아이의 발이 너무 추워 보여서 마음이 아팠고 몸이 고단해 보여서 안쓰러웠지만 이젠 흥청망청 동정하는 생각도 아껴야 하는 게 맞는 것 같다.

왜냐하면 그 고단한 일로 인하여 아이가 순간순간 느낄 벅찬 보람을, 낯설고 높은 고도에 여행 온 사람들에게 각 나라말로 깍듯이 인사를 해 주며 느낄 뿌듯한 기분을 아마도 나는 다시 태어나도 결코 모를 것이기 때문이다. 밥보다 여행일지라도….

Good bye 소년 이야기를 듣고 감동한 친구가 남미 여행길에 올랐다. 기다리고 기다리던 잉카의 마추픽추를 오른다. 아찔한 마추픽추를 돌아 내려오면서 아무리 둘러보고 둘러보아도 보이지 않는 Good bye 소년. 얼마나 그리워하고 고대해 왔던 얼굴인데, 아크야 이야기를 들으면서도 그 아이 주려고 마련해 온 선물만 계속 만지작거렸는데….

여행에서 돌아온 친구의 낙담은 이만저만이 아니었다. 페루의 어떤 세계유네스코 유산을 보는 것보다 그 아이가 더 만나고 싶었었다는 친구가 내게 말했다. 페루 정부에서 관광객에게 비호감을 준다는 이유로 그 소년 가장의 일거리를 없애 버렸다고. 마추픽추의 전

설 타잔은 영원히 만년설 빙하와 나스카 사막, 안데스 고원 속으로 사라졌다고. 세상의 눈으로부터 버려져 지구별 차가운 어느 귀퉁이에서 하루 온종일 커피 알을 따는 아이가 되었을 터.

　나의 길잡이, 나의 결점, 나의 힘인 여행! 고산병의 징후가 심한 것은 아니었지만 그래도 계단이나 비스듬한 길로 오를 때, 샤워를 마쳤을 때는 어김없이 얼굴이 붉어지며 호흡이 가빠 왔다. 그럴 때마다 산소 호흡기 대신 뜨거운 마테차로도 알려진 코카차를 마신다.

: 영화 〈일 포스티노〉 한 장면

: 네루다

　　그러니까 그 나이였어

　　시가 나를 찾아왔어

　　나는 몰라, 그게 어디서 왔는지

　　겨울에서인지, 강에서인지

　　언제 어떻게 왔는지 모르겠어

_파블로 네루다 〈詩〉 부분

〈시〉는 언제 읽어도 술술 읽히는 것이 참 편해서 좋다. 어쩜 이리도 힘이 하나도 안 들어갔을까? 골프 칠 때도 힘이 빠져야 명선수가 된다는 말 이제 이해가 된다. 영화 〈일 포스티노〉로 익숙한 칠레 노벨 문학상 작가 파블로 네루다(1904~1973)가 생을 마감한 이슬라 네그라 갈매기 마을에 들어섰다.

말년을 지내며 집필을 하던 집을 구경하고 나오다 우편배달부 마리오와 마주쳤다. 네루다를 위해 마리오가 직접 녹음한 이슬라 네그라 종루의 바람 소리, 바위에 거세게 부서지는 파도 소리, 파도가 뒷걸음치는 소리 한 보따리를 선물이라며 건네준다. 풍경으로 가득 채워 준 그의 친근한 눈인사가 억수로 기분 좋다.

삶의 중독으로부터 탈출하고 싶을 때나 삶의 모서리에 마음이 헤질 때 난 말없이 여행을 떠났다. 습관이었을까? 꿈결이었을까? 중남미에서 중남미를 더듬고 있던 그리움까지, 이제 안녕! 올라! 그곳은 내 마음속에서 평화롭다.

한잔 자스민차에의 초대

―독일

: 호텔 성 메클렌부르크

들어오셔요. 벗어 놓으셔요 당신의 근심을,
여기서는 침묵하셔도 좋습니다.

_라이너 쿤체 〈한잔 자스민차에의 초대〉 전문

마음의 내란이 일적마다 이 시는 내 마음의 내란을 종식시켜 준다. 우연인지, 독일 시인 라이너 쿤체가 대문을 활짝 열며 초대해 준 여기는 독일 프랑크푸르트.

친구는 노상 푸르기만한 정원에 놓인 의자를 손질하고, 아이들과 남편은 휴가를 떠났다. 그래서 친구 집은 지금 더할 나위 없이 조용하다.

오전 내내 친구 집에서 「사랑에 대한 칼 융의 아포리즘」을 본다. 이 책에서 융은 사랑에 대하여 "사랑은 신과 같다. 이 둘은 모두 가장 용감한 종에게만 모습을 드러낸다."라고 말한다. 암, 그렇고 말구. 나는 맞장구를 친다.

느지막이 잠에서 깼다. 감기 기운이 있던 나에게 친구는 따끈한 캐모마일 차를 끓여다 놓는다. 마시면 이완된다며 억지로 차를 마시게 한다. 깔깔했던 목이 조금 부드러워지자 집에서 가까운 백화점으로 쇼핑을 가잔다. 한참을 구경하다 4층 그릇 매장에서 아랍풍의 독특한 'Kaufhof' 도자기 촛대에 눈길이 꽂혔다.

얼마죠? 30유로! 넘 맘에 드는데 어쩔까 하는 순간 "Just moment! 포장할 때 필요한 이 물건의 케이스가 있었는데 지금은 남은 것이 없으니 점장에게 물어보고 오겠다."며 나간다.

 한참 만에 돌아온 점원은 케이스가 없는 관계로 15유로에 줄 테니 사 갈 거냐고. 마음에 꼭 드는 물건을 그것도 반값에 준다는데. 당근! 땡큐! 이런 횡재수라면 물 싸대기처럼 맞아도 좋겠다. 맞다. '정품'의 범주란 이처럼 마지막 포장까지 포함하는 것이다.

 싸게 사서 물론 기분이 좋다. 어차피 집에 돌아갈 때 벗겨 내야 할 케이스이기도 한 것을. 하지만 낯선 인격(독일)에 대한 선망이랄까, 그런 제도를 보고는 참 부럽다는 생각이 드는 건 어쩔 수 없다. 에고에고 힘들다. 동네 펍에 들어가 시원하게 맥주 한잔~ 캬아!

 다음 날 아침. 스위스, 오스트리아, 독일로 이어지는 독일에서 제일 높은 추크슈피체산을 왼편으로 바라보며 달린다. 뷔르츠부르크에서 기차 타고 2시간. 이제 10분 만 가면 퓌센역이다.
 다시 이곳에서 버스로 갈아타면 '노이슈반스타인성'으로 가는 여정. 맥박이 빨라진다.
 사계절 변모하는 사진을 보며 미치도록 흠모했던 '백조의 성'. 세상 모든 동화책 속의 꿈속 같았던 성. 월트 디즈니랜드 성의 모델. 멀리

: 노이슈반스타인성

서 보면 백조 같고, 바짝 가서 보면 독일식으로 무뚝뚝하고, 실내로 들어가 보면 스토리텔링의 완전한 오페라 무대다.

옛날 바이에른에 동화의 왕으로 불리던 루드비히 2세가 살았다. 궁중극장에서 본 리하르트 바그너의 오페라에 매료되어 일생 동안 바그너의 후원자가 되었다.

절대적인 왕권에 실증을 느낀 왕은 이상으로 채워진 자신의 파라다이스를 건설하는데 일생을 걸었다. 바그너의 오페라에 홀릭당한 왕은 오페라에 나오는 것과 똑같은 성을 짓고 바그너의 소리를 훔쳐 음악의 성을 쌓아 올렸다. 소망처럼 '백조의 성'의 천정과 벽화는 오페라의 스토리로 장식하였다.

왕은 특히 오페라 〈로엔그린〉에 등장하는 백조를 너무나도 좋아하여 성안의 문고리란 문고리는 모두 백조로 조각했고 벽화와 커튼의 장식에도 많은 백조를 그려 넣었다. 그러나 애통하게도 그렇게 좋아하던 바그너는 초청해 보지도 못한 채 왕좌에서 쫓겨났다.

그의 취향은 숭고했지만 계속되는 비운에 너무 상심한 왕은 성에서 늘 바라보던 아름다운 호수, 슈타른베르거에서 변사체로 발견되었다. 완벽한 허구를 찾던 바그너의 오페라에 나오는 백조의 기사 '로엔그린'처럼.

대음악가 '바그너'에게 헌정한 '노이슈반스타인성'은 5층의 로맨틱양식. 중세 성으로는 세상에서 가장 아름답다고들 말한다. 실내로 들어가면 무게 900kg의 샹들리에가 눈부신 방, 화려하게 도금된 탁자는 용과 싸우는 지그프리트이며, 조각가 14명이 4년 6개월을 만든 정교한 떡갈나무 침대가 있는 침실은 침실이 아니라 작품 전시장 같다.

또한 대단한 미식가였던 왕은 음식이 식는 것을 아주 싫어해서 주방으로부터 직접 음식이 배달되는 최신식 식당을 마련했다. 냉온수는 물론 전자동으로 그릴구이 꼬치가 돌아갈 때 나오는 연기는 바닥 아래로 배출하도록 설계했다.

나머지 방들도 〈트리스탄과 이졸데〉, 〈니벨룽겐의 반지〉, 〈로엔그린〉, 〈탄호이저〉, 〈성악가들의 축제〉에 등장하는 영웅들로 독일 중세 문학이 생생하게 이야기책처럼 펼쳐져 있는 성소다.

　이번엔 친구가 꼭 가 봐야 된다는 로텐부르크! 중세가 고스란히 살아 있는 로맨틱 가도!

　독일에서 중세 마을의 분위기를 가장 잘 보존하고 있는 벽촌 작은 마을. 독일의 동쪽에도 혹은 서쪽 어디에도 없는 꼭 가을 동화 같은 마을. 낡은 성곽의 종아리를 때리며 곧잘 목이 메었을 바바리아 광장의 종소리를 듣고 있으면 일부러 꾸민 흔적 대신 거리마다엔 옛이야기들이 켜켜이 쌓여 소곤소곤 세상의 모든 감탄사를 거느리고 있다.

　고요라는 말이 천년 중세 거리를 펼쳐 놓은 오후. 그곳에서 나고 살며 아기자기한 수공예품들을 팔고 오밀조밀 꽃들까지 가꾸는 동네는 꼭 그림엽서 같다.

　천천히 걸으며 타우버 강 건너 먼 숲을 조망하거나 환상적인 선물들이 가득찬 크리스마스 박물관, 카드놀이에서 속임수를 쓰거나 남편을 폭행하거나 함량 미달의 빵을 파는 사람들이 처벌받던 범죄박

: 홀로코스트 기념관

물관도 둘러본다. 잊지 못할 것은 사형수가 죽기 마지막 날에 단 한 번 사용한다는 거대한 스푼. 마지막 성찬을 배불리 먹고 가라는 인사를 우연히 야경 투어가 받는다.

목가적인 중세 야경꾼의 복장에 긴 창을 든 쇼맨과 함께 로텐부르크를 한 바퀴 걸어 본다. 이 코스는 생각보다 흥미로워 그대를 어린 시절로 되돌려 놓기에 충분하다. 저녁은 거리 좌판에서 파는 흰 소시지와 흑맥주 한잔. 송아지 고기로 만든 것이라서 그런지 금방 데쳐 준 맛이 신선하고 참 연하다.

날개 달린 흑백의 천사가 하늘에서 땅을 내려다본다. 사람들의 마음을 들여다본다. 하이델베르크에서 영화 〈황태자의 첫사랑〉과 미팅을 했다면 베를린에서는 〈베를린 천사의 시〉를 떠올리는 것은 당연한 예의다.

하이델베르크 성안에 있는 프리드리히관에 들어가기 전에 인생샷 한 컷 남기고 안으로 들어가면 세상에서 제일 큰 와인 오크통이 알

: 독일 영화 100주년 기념 우표에 실린 〈베를린 천사의 시〉 1987

몸으로 기다린다. 그의 땀방울을 한 모금 경청하고 나와 라인 강변을 걷다 인어공주를 만나 옛 동화에 빠진다.

엄청난 아이러니! 인간은 영생을 달라고 하늘에 간구하고, 영생을 거머쥔 천사는 영원에서 벗어나고 싶어 안달한다. 사람들의 매순간을 느껴 보고 싶고, 인간이 되어 뜨거운 붉은 피를 확인하며 기뻐하는 천사의 모습을 보노라면 우리에게 주어진 매 순간들이 고맙기 그지없다.

타인에게 잊히지 않는 존재가 되고 싶어하는 인간의 욕망과 천사의 욕망을 동시에 확인할 수 있는 영화 〈베를린 천사의 시〉를 보며 불만족을 토하며 살아온 날들과 만나 화해한 적이 있다.

장미 가시에 찔려 죽을 때 릴케(1875~1926)는 무슨 생각을 했을까? 사랑하는 이를 두고 떠나니 화가 났을까? 사랑을 안고 떠나니 행복했을까? 아니면 〈가을날〉처럼 불안스레 영혼의 이곳저곳을 헤매었을까?

그에게 있어 시적 전기는 특히 작가이자 정신분석학자인 루 살로메와의 러시아 여행을 통해 '우주의 신은 어디에나 존재한다.'는 범신론을 체험하게 된 후부터였다.

400여 통의 편지를 주고받으며 사모했던 그녀에게 채이고 나서 곧바로 「두이노 비가」, 「헌 시집」을 집필했다. 그녀에 대한 우레와 같은 사랑이 얼마나 지독했으면 죽는 순간에 자존심도 없이 "나의 어떤 점이 루를 실망시켰는지 물어봐 주시오."라고 했을까?

여 주인공 일루나, "그녀의 노래를 듣는 순간 선택해야 한다."란 대사가 멜랑꼬리하게 부유하는 영화 〈글루미 선데이〉가 겹쳐지는 또 다른 팜므파탈, 루 살로메다. 세기의 작가이며 정신분석가였던 그녀, 니체, 릴케, 프로이드 융, 바그너의 연인 관계를 유지하며 그들의

: 영화 〈루 살로메〉에서 삼각 동거했던 니체와 파울레

창조적 뮤즈였던 신비로운 메신저.

난 그녀를 스승으로 모시기로 했다.

간신 간신히 짬을 내어 그래펠핑시 이미륵(본명 의경. 1899~1950) 묘지에 잠시 들렀다. 11세 때 6세 연상인 부인과 결혼해 슬하에 1남 1녀를 두고 독일에 간 뒤 그는 영원히 귀국하지 않았다.

그리고 다음 날은 「그리고 아무 말도 하지 않았다」의 저자 전혜린(1934~1965)이 산책하며 남다른 가치와 문화를 생산해 내던 상상 속의 슈바빙 골목을 걸었다.

옛날처럼 펠리츠 거리에 서 있는 그녀의 단골 카페 제에로제(수련)를 기웃거리자 그가 좋아했던 구운 소시지와 소금에 절인 양배추의 냄새가 날아왔다.

최초 독일 여자 유학생 전혜린은 1959년 뮌헨에서 이미륵을 발굴해 독일 교과서에까지 실린 그의 자전적 소설 「압록강은 흐른다」를 한국에 소개했다. 그보다 35년 늦게 태어났지만, 두 사람 다 이북이 고향이고 독일 뮌헨대에서 공부했다는 공통점이 있다.

　독일에서 찬사와 사랑을 받았던 이미륵. 그가 잠든 지 70여 년이 지났지만, 독일인들은 여전히 그의 묘소를 찾고 그의 책을 읽는다. 1948년부터 뮌헨대학 동양학부에서 한학 및 한국학을 가르쳤고 독일어로 작품이나 논문을 발표하여 한국을 독일에 소개한 최초의 한국 작가이자 교수였다.

　프라우엔플란 거리에 있는 요한 볼프강 폰 괴테(1749~1832) 집은 바로크 양식. 「젊은 베르테르의 슬픔」을 퇴고하던 그의 집필실에는 8개의 작은 서랍과 4개의 큰 서랍으로 된 목조 책상이 있다. 하얀 레이스가 깔린 그 위로 괴테의 시간들이 영속적으로 흐르고 있고 창문 커튼은 그날처럼 묶여 있다.

: 브란덴부르크 문

: 로테와 베르테르

앉아서 고승처럼 숨을 거둔 안락의자는 지금도 흔들거린다. 괴테의 초상화 옆에 걸려 있는 샤 로테와 그의 남편 그림자 그림. 얼마나 사랑하면 사랑하는 여인의 남편까지 사랑할 수 있을까?

스물세 살의 젊은 괴테는 친구 케스트너의 약혼녀 샤 로테 부프를 사랑한다. 이루어질 수 없는 슬픈 사랑으로 끝날 때쯤, 유부녀를 사랑하다 실연한 동네 청년 예루살렘이 권총으로 자살한다. 괴테의 슬픈 사랑과 예루살렘의 자살은 전 세계 젊은이들의 가슴을 적신 소설 「젊은 베르테르의 슬픔」의 소재가 되었다. 당시 젊은 여자들이 베르테르 향수를 뿌리고, 젊은이들은 노란색 조끼를 입고 주인공을 따라 권총으로 자살한 그 도시를 거닌다. '베르테르 신드롬'을 불러일으킨 이 책은 1774년 출판 이틀 만에 금서로 지정되었다.

"하늘에는 별! 땅에는 꽃! 사람에게는 사랑"이라고 노래한 괴테는 "만약에 무인도에 세 가지만 가지고 간다면 무엇을 선택하겠느냐?"는 질문을 받자 "시집과 아름다운 여인, 그리고 메마른 시대에 살아남을 수 있는 와인이요."라고 말했다 한다. 만약 그대라면 무엇을 가지고 떠나렵니까?

괴테는 만년에 이르러서도 어린 소녀에 대한 열정을 불태웠다. 60세에는 18세 미나 헤르츨리프를 사랑하여 그녀에게 소네트를 지어 바치고, 그녀를 모델로 소설 「친화력」을 집필했다.
72세 때 만난 17세의 소녀 울리케에게 빠진 그는 자신의 나이도 잊고 의사까지 찾아가 결혼해도 된다는 진단까지 받고 그녀 19세 때 청혼했지만 거절당했다.

　당연한 것을, 슬퍼하는 그를 위해 그날 밤 중세 정원에 번개가 내려
치지 않은 것이 이상할 뿐. 철없는 주책 할아버지의 깃털 난 용기, 끈
적대던 간절한 눈빛이 파스텔톤으로 상상이 되자 난 그만 빵! 터지
고 말았다.
　실연의 대가로 그 아픔을 끌어안고 덜그럭덜그럭 마차를 타고 집
으로 돌아가는 중에 저 심연 아래로부터 심장을 때리는 물보라를 건
져내 연애시집 「마리엔바트의 비가」를 남겼으니 그 열정 대단키는 대
단타!

　니체 또한 루 살로메에게 청혼하였다가 거절당한 뒤 고통스러웠던
이별의 순간과 못 이룬 사랑의 강박을 숭고한 창작으로 환원시켜
열흘 만에 생애 최고의 걸작 「차라투스트라는 이렇게 말했다」를 쏟
아 내지 않았는가.

실연당하면 보통 사람들은 상처로 인해 앙코르와트 노을처럼 침울 모드로 숨어드는 것과는 다르게 대가들은 하나같이 실연 자체를 큰 에너지로 환원시켜 대작을 창작하는 역량으로 소비했다. 수많은 뮤즈를 사랑하는데도 천재 기질을 맘껏 발휘하던 괴테는 일생 동안 세상을 바꾸려다 말년 들어 오히려 자기 자신을 바꾼 듯하다. 그럼 그렇지~ 보라니까. 열정 사용법에 정답은 없다니까. ㅇㅋㅋ~

그대여!
그대의 여행은 언제나 옳았나요?
여행지에서 우연히 서로의 영혼을 더듬던 사람 없었나요?

몽골 여행 후에 오는 여행

시원의 생명 길을 걷는 방법은 간단하다.

말을 탄다. 투구꽃과 모싯대꽃과 뻐꾹채와 벌노랑이와 장구채와 으아리와… 들꽃 지천인 언덕을 올라간다. 말은 익숙한 듯 나를 태우고 저의 왕국으로 이동한다. 어디서 본 듯한 붉은 산나리를 만난다. 뿌리가 마늘 모양으로 심장에 좋은 약초란다. 들꽃의 퍼포먼스를 보며 바람을 따라 올라 정상에 서서 아래 초원을 굽어본다.

칭기즈칸의 눈빛이 내 안에 저장되자 낙타·소·양·염소가 모두 하수로 보였다. 다그닥다그닥 말 타고 내려오다 그만 한눈파는 사이에 돌에 걸려 꽈당 탕~ 넘어지고 말았다. 낙타·소·양·염소가 푸하하하 웃으며 땅바닥에 널브러진 나를 내려다본다. 하수의 신전이 되는 건 순간이다.

천여 년 전 한 줄기 폭풍이 일어나 유럽과 아시아를 단번에 초토화시킨 몽골.

13세기 말 칭기즈칸(패아지근 테무친. 1162~1227)은 로마군이 400년 동안 점령한 영토보다 더 넓은 땅을 단 25년 만에 정복한 위대한 인물이다. 땅에서 솟은 해가 땅으로 지는 광활한 초원의 나라. 말 위에서 태어나 말 위에서 호령하다 지금은 벅트칸산 위에서 칼을 차고 달리며 초원의 별을 노래한다.

몽골에는 다른 나라에 없는 것이 세 가지가 있다. 일명 3무(無). 대머리가 없고, 택시가 없으며, 안경 쓴 사람이 없다. 예로부터 '하트가이'라는 식물의 잎을 음식의 향신료로 사용했기 때문에 모발이 싱싱하다고. 그러나 이미 옛말이 되어 버린 지 오래다.

민속공연장에서 '흐미'라는 전통 노래와 춤을 보며 칭기즈칸이 좋아했다는 마유주를 마신다.

술이 깨는지 밤이 되자 으슬으슬 추워진다.

게르 안으로 들어와 스토브에 장작을 넣고 불을 피운다. 내부는 마른 말똥을 때는 난로의 열기로 후끈하다. 게르 굴뚝으로 하얀 연기가 포슬포슬 피어오르고 침대에 누워 살풋 잠이 들었었나 보다.

멀리서인 듯 가까이서인 듯 빗방울 소리가 토독토독 다가오고 있다. 후두둑! 빗방울이 게르를 뚫고 성큼성큼 가슴으로 들어온다. 문밖에 걸린 깃발이 빗방울에 척척 감기며 이상한 소리로 신음이다.

잠시 후 언제 그랬냐는 듯이 비가 그친다. 다시 바람에 펄럭이는 명랑한 깃발 소리가 깊어 가는 여름밤에 자수를 놓는다.

여명의 말들은 어디서 왔는지 내 침대 옆에까지 다가와서 콧소리를 히힝히힝 거리며 내가 자기 종족이었던 시절의 그 파아란 이야기를 들려준다. 나도 한때 새벽 풀을 뜯고 있었다고. 그리고 둥근 게르 천장으로 쏟아지는 아, 별! 10성급 호텔의 위용!

다시 아침!

눈 비비고 일어나 밖으로 나오니 떠 있던 쌍무지개가 구름에 가려진다. 옆 게르 바닥에서 이리저리 뒹굴며 잠이 들었던 아이 넷이 일어나 문 밖으로 걸어 나와 쏴아~ 쏴~ 오줌발을 쏘아 댄다. 아침 햇살에 반짝이는 홀딱 벗은 그 아이의 등 뒤로 방치되어 좋았던 내 어린 시절이, 초원의 일생이 걸어오고 있다.

그때 스승이 한 말씀 하신다. 물 중에서 가장 아름다운 물은? 선물. 개중에서 가장 아름다운 개는? 쌍무지개.
그러면서 또 말씀을 이어 가신다. 다른 것은 오래 보면 실증이 나는데 왜 자연은 오래 보아도 피곤해지지 않을까? 머리 굴리는 소리 요란하다. 소리 요란한 사람치고 해답을 말하는 사람을 본 적이 없다. 나 역시다.
그러자 다시 답을 말씀하신다. 다른 것들은 무엇인가를 달라고 칭얼칭얼 대는데 자연은 한 번도 달라고 하지 않으니까.

우연히 백화점 귀퉁이에서 발견한 그림 〈가족〉.
아기가 손가락 사이에 엄마의 왼쪽 젖꼭지를 끼고 공굴리면서 포만감의 여유를 즐기는 한 컷. 현대 몽골 화가 쉬 바타의 그림 〈가족〉은 샤륵의 〈몽골인의 하루〉 속 108장면 중 하나이기도 하다.

: 게르 모양 초콜릿 박스

: 쉬 바타 〈가족〉 2012

    초원을 누비는 명마들의 그림이 배경으로 걸려 있고 아이들 뒤쪽에는 자랑스럽게 남편이 수렵한 여우털이 걸려 있다. 바쁜 남편은 어디 갔는지 조금 쓸쓸하지만 그 빈자리엔 붉은 장롱이 대신한다.

    전통 복장을 한 큰 자식 둘과 늦둥이에게 수유한 후에 젖무덤을 다 내어준 어머니는 그러나 위엄이 있어 보인다.

갓 태어난 새끼 낙타 제 자식인 줄 모르고
본체만체하다가 연거푸 뒷발질이다
눈으로 혓바닥으로 후생을 핥는 대신,
마두금 두어 가락 어미에게 튕겨 주자
눈자위 촉촉하게 젖어 오는 눈물방울
온몸을 한껏 뉘이며 초원의 젖 물리네
저 몽골 댁, 시집 올 때 가지고 온 낙타 울음
소 몰고 감자 캐고 아이들 낳을 적마다
그 고향 어머니 되어 햇살처럼 펼쳐 준다.

_윤향기 〈고향 풀피리〉 전문

선천적으로 모성애가 부족한 낙타가 있다. 젖 물리는 것을 거부해 새끼를 굶어 죽이고, 발로 차 죽이기도 한다. 이런 때에 몽골 민족은 그 낙타를 위해 전통현악기인 마두금(馬頭琴, 모린호르)을 몇 소절 켜 준다. 그러면 눈물을 핑그르르 돌리며 주억주억 새끼에게 다가가 젖을 물린다. 이것을 가리켜 '마두금 효과'라 한다. 마두금은 두 개의 현으로 된 기타와 비슷한 악기인데 특징이라면 머리 부분이 말의 머리 모양을 하고 있다는 것이다.

몽골 울란바토르에서 시베리아 횡단열차를 24시간 타고 이르쿠츠크로 달려오는 내내 초승달 하나가 따라오며 비틀즈의 〈Let it be〉를 풀어내어 내 허리에 동여매 준다.

이르쿠츠크 기차역. 현대자동차의 낡은 버스를 번갈아 타며 리스트비안카를 거쳐 바이칼로 달려가는 길은 온통 시푸른 초원, 끝없는 자작나무 숲이다.

이광수의 「유정」 속 정임의 편지에 나타나는 겨울 풍경이다.

오늘 아침 흥안령을 지났습니다. 플랫폼의 한란계는 영하 23도를 가리켰습니다. 사람들의 얼굴은 숨털에 성애가 슬어서 남녀노소 할 것 없이 하얗게 분을 바른 것 같습니다. 유리에 비친 내 얼굴도 그와 같이 흰 것을 보고 놀랐습니다.
숨을 들이쉴 때에는 코털이 얼어서 숨이 끊기고 바람결이 지나가면 눈물이 얼어서 눈썹이 아주 붙습니다. 사람들은 털과 가죽에 싸여서 곰같이 보입니다.

그러나 이곳에서 나를 가장 먼저 반긴 건 정임이도, 철새도, 수생식

물도 아닌 들꽃들이었다.

칠월의 시베리아는 들꽃 천지다. 낯익은 질경이, 민들레, 토끼풀, 싸리, 쇠뜨기풀, 개털, 꿀풀, 기린초, 고사리, 구절초, 할미꽃, 마타리, 작

약, 해당화, 산나리, 오랑캐꽃 등 사계절에 나누어 필 꽃들이 한 번에
다 피어 뽐내고 있다.

갖가지 야생화들이 바이칼 호수 주위에 흐드러져 춤을 추고 있고,
자작나무로 전설이 울창하다.

아무리 둘러보아도 주변 들꽃 풍경은 몽골이라기보다는 우리 산야
그대로다. 수많은 동식물이 이렇게 시베리아에서 어우렁더우렁 살다
다시금 어우렁더우렁 남쪽으로 이동했나 보다.

: 시베리아 자작나무 숲

빽빽한 자작나무 숲의 장대함과 끝없이 펼쳐진 설원을 바라보면
떠오르는 영화들! 순백의 정령들이 연인을 감싸던 영화 〈닥터 지바고〉,
〈제독의 연인〉, 〈백야〉, 〈해바라기〉 등 많고 많지만 나는 이십여 년 전
에 눈물을 흘리며 보았던 니키타 미할코프의 이룰 수 없는 사랑의 영
화 〈러브 오브 시베리아〉(1998)가 생각난다.

러시아의 벌판으로 떨어지는 눈발굽의 소리를 듣자 클래식 잔설처

럼 남아 있는 영화의 한 장면이 지나가고 있다.

다음 날이다.

이른 아침 호수의 청순한 알몸과 부딪치려고 서두르다 맨발에 반팔 원피스를 입고 나간다. 한여름이라고는 하지만 새벽 물안개는 긴 재킷을 입어야 할 정도로 차갑다. 영원으로 벌어진 저 입을 호수라 부르는 순간 바이칼!은 비로소 바이칼이란 이름에서 벗어난다. 오감을 자극하는 진짜 바이칼은 해 질 녘부터 시작하여 새벽녘이 압권이다.

이번 여행 몇 년 전 어느 해 겨울, 모스크바에 간 일이 있다. 호텔에서 머무는 일주일 동안 부지런한 하늘은 계속해서 함박눈을 쏟아냈다. 아침 창을 열면 나무도 건물도 모두 두꺼운 흰옷 차림이다. 게으르고 느리게 온천물 속에서 사우나로 잠을 깬 다음 천천히 지도를 들고 시내로 나간다.

침 흘려 휴지통에 버린 낙서까지 금빛 유리 케이스에 보관 중인 푸시킨 생가 박물관, 나선형 계단이 고풍스러웠던 고리키 생가, 톨스토이 박물관을 돌았다.

유리 케이스에 안치된 핑크빛 레닌의 시신도 보고 붉은 광장과 크램린 궁을 지난다. 5층으로 된 박스석이 금색과 붉은색으로 현란한 볼쇼이 극장에 왕비처럼 앉아 손잡이가 달린 흰색 망원경으로 발레를 보기도 한다.

그러나 세월이 오래 지나면서 나의 기억에 확실하게 남아 있는 것은 그런 것들이 아니었다. 내가 죽을 때까지 보아야 할 용량의 털가죽들의 대행진이다. 털 모자와 가죽 롱코트와 롱부츠를 단 일주일 사이에 다 보아 버렸다는 것이다.

생일일까?

아님 여자들이 가장 기뻐하는 러시아의 가장 큰 축제인 '여자의 날'일까?
풍만하고 아름다운 여인의 매력적인 파티 복장이다. 세속의 시간이 금기의 시간이라면 축제의 시간은 위반의 시간이다. 고풍스러운 전통을 갖춘 우아한 숄로 뒤태를 마무리한 섬세함이 그림을 돋보이게 한다.

: 보리스 쿠스토지예프 〈부활절 인사, 키스〉 브   : 〈러시아의 민속춤, 트로이카〉 좌판에서   : 톨스토이 박물관에서
로즈키 박물관, 러시아

급하게 인사하느라 미처 먹지 못한 빨간 과자가 늙은 남자의 오른
손에 들려 있다. 반갑고 온화한 미소가 얼굴 고랑마다 일렁인다. 얼
굴을 덮고 있던 주름이 활짝 펴진다.

아마도 어젯밤에 러시아 전통 습식 사우나 '바냐'를 한 덕분이리
라. 아궁이(페치카)에 불을 때고 뜨겁게 달군 후 물을 잔뜩 뿌리는 공
간. 러시아인들에게 생활의 일부분인 바냐는 한국의 사우나보다 훨
씬 더 뜨겁다. 하지만 '베닉'이라고 불리는 자작나무 가지와 향나무
잎으로 다발을 만들어 물에 살짝 담궜다 꺼낸 후 살짝 아플 정도로
열기에 달궈진 몸을 타닥타닥 두들겨 주는 특징이 있다.

손님들이 모두 모여 반가운 인사를 주고받고 나면 식탁 위에 진열해
놓은 보드카, 앱솔루트, 스미노프를 한잔 따라 건배를 하고 발그레한
얼굴로 러시아 민요 트로이카, 스텐카 라친을 신나게 부를 것이다.

: 푸시킨 동상

식탁을 지나 부엌으로 들어가다 보면 유리 장식장에 자작나무로 만든 예쁜 마트료시카가 아기부터 어른까지 층층이 놓여 있을 것이다. 그런 후에는 더 넓은 홀로 나가 러시아 민속춤, 코자크, 코로부시카, 트로이카를 흥겹게 출 것이다.

그러면 어디선가 연초록 물고기 떼들이 모여들어 허공을 헤엄칠 것이다. 행복한 얼굴로 집에 돌아가는 손님들은 알아서 태양이 숨긴 오상(五傷)과 비밀스런 이야기를 얻어 갈 것이다.

나를 춤추게 한 뉴욕 12첩 반상

24$의 물품(사탕가루, 소금, 커피 등등)을 인디언에게 주고 구입했다는 맨해튼. 상실과 욕망이 교차하는 틈새로 쥐가 출몰한다는 월가를 지나서 잔혹한 상징으로 여겨졌던 911 쌍둥이빌딩 터를 둘러본다. 새로운

추모 기념비 조형물이 아픔을 딛고 진화를 거듭하고 있다.

영화 〈시애틀의 잠 못 이루는 밤〉에서 애니와 샘이 자기 짝인지 확인하던 엠파이어스테이트빌딩 꼭대기까지 엘리베이터를 타고 단숨에 올라가 운명적인 맨해튼의 알몸을 껴안는다.

한 손엔 횃불, 한 손엔 성경을 든 뉴욕의 상징인 한 여인을 만나 그녀의 최근 관심사에 대해 물었다. 그녀가 말했다. 캐나다에 있는 천 섬을 한번 유람해 보는 것이 소원이라고. 나는 그녀를 보려고 왔는데 그녀는 내가 예전에 다녀온 도시를 그리워하다니….

꽃샘바람을 뚫고 이미 본 〈맘마미아〉를 브로드웨이 원형으로 보기 위해 출발한다. 노란 택시 지붕에 뮤지컬 〈맘마미아〉, 〈오페라의 유령〉, 〈라이온 킹〉이 불을 품으며 달린다. 타임스퀘어 주변 건물들은 전체가 전광판이 되어 요란한 메시지를 방출한다.

뮤지컬 티켓 50%라는 작은 깃발 앞으로 두 개의 줄이 대략 100m가 넘는다. 아침 10시경에 지나며 보았던 행렬이 저녁때인데도 똑같은 모양을 유지한다. 대대박!

욕망의 박물관이나 욕망의 미술관을 구성하는데 있어, 산 자의 배열 방식은 산문적이다. 수집품들은 각각 별개의 시원을 지니면서도, 충분히 뒤섞이고 중첩된다.

영화 〈토마스 크라운 어페어〉에서 토마스가 캐서린 올드에게 첫 데이트를 신청한 뒤 그녀를 데려간 곳, 〈아메리칸 촌놈〉에서 도라가 폴의 손목을 이끌고 도착한 곳, 〈해리가 샐리를 만났을 때〉에서 해리와

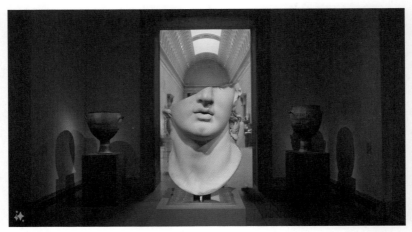

: 메트로폴리탄

샐리가 함께 찾아간 곳도 낭만적인 메트로폴리탄 미술관이다.

센트럴파크 동쪽 끝에서 5번가와 마주하고 있는 계단을 올라 건물에 들어서면 철저한 보안검색을 실시한 후 배낭과 코트는 맡기고 입장권을 산다. 매표소에 어른 20$이라고 적혀 있긴 하지만 도네이션 하겠다 하면 최하 기부금액인 1$ 이상만 내면 그냥 들어갈 수 있다. 이것이 부러운 도네이션 입장이다.

12세 미만 무료(보호자 동반시), 버스요금도. 도네이션 입장에는 동료애 쑥쑥 키워 주거나 사랑을 직접 전달하는 '시간 기부제'도 있다. 우리도 기부 문화를 더 부각시키는 아름다운 사회적 기반이 어서 빨리 정착되기를….

워낙 규모가 넓다 보니 어디서부터 보아야 할지 감이 서지 않는다. 오늘은 토요일이어서 밤 9시에 문을 닫는다니 천천히 돌아봐도 되겠다.

1층의 이집트, 아프리카 미술은 건성건성 건너뛴다. 2층 발코니 바에 올라가니 사각형의 넓은 벽면이 중국 장식품 투성이다. 실크로드 덕에 이스탄불 톱카프 궁전을 꽉 채운 중국, 일본실, 동남아실에 이어 1998년 한국국제교류재단과 삼성문화재단에 의해 한국관이 개관되어 약 400점을 소장하고 있다. 휴~ 다행이었다.

친숙한 인상파 근대 유럽 회화들이 부른다. 19세기 후반 프랑스에서 활동하며 표현 대상의 고유한 색채보다 그 색조를 분할하여 외광(外光)의 효과를 원색의 강렬한 색감으로 표출한 작품을 둘러보고 작품이 쌓이고 쌓인 거대한 자본의 파워에 망연자실.

현대미술관에 들러 기존의 전통적인 색채와 형태에서 벗어나 새로움을 창조한 입체파의 피카소와 야수파의 마티스 작품을 둘러본다.

클레의 〈May Picture, 1925〉라는 작품은 평면인데 꼭 흔들리는 천 조각 같다.
시적(詩的)인 환상과 서정성이 풍부한 추상화, 어쩜 영락없는 우리의 조각보이다.
그의 책 「창조에의 고백」에서 "예술은 보이는 것의 재현이 아니라 보이지 않는 것을 보이게 하는 것"이라 말한 것처럼 독

: 클레 그림

창적인 회화 언어로 사물의 본질과 정신적인 의미를 전하려고 한 그

의 작품들은 공상적인 상형문자와 자유로운 선묘로 말미암아 때때로 아동 미술을 연상하게 한다.

메트로폴리탄 미술관에서 최근 3점의 작품을 추가 구입해 화제를 모은 사진작가 이정진.

그는 1990년부터 한지에 손수 사진 감광유제를 발라 흑백으로만 인화한다. 어찌 되었든 사진 속에 잠복해 있는 한국인이게 하는 그의 상징의 숲을 이곳에서 만나니 참말로 어찌나 반갑던지. 벅차다.

여긴 누구나 슬금슬금 사진을 찍는다.

그런데 감시 직원이 지친 것인지 아예 그럴 의도가 없는 것인지 말리는 법이 없다. 워싱턴 스미소니언 박물관은 사진을 아예 찍지 못하게 하는데 이곳은 원화에 직접 후레쉬를 팡팡 터트려도 제지하지 않는다. 행여나 하고 카메라 들고 들어온 것이 얼마나 잘한 일인지. ㅋㅋ.

: 어서 피셔

: Vessel

바워리가 235번지에 있는 뉴뮤지엄은 뒤뚱거린다. 6개의 박스를 어긋나게 쌓아 올려 아슬아슬한 기분이 든다. 아방가르드란 불안정한 건물 외양과 건물 표면에 알루미늄 같은 번쩍거리게 소재를 사용함으로써, 이 시대의 불안정한 카오스적인 과거와 번쩍거리는 미래를 상징한다고 해몽하고 있는 것 같다.

실험적인 전시는 4층부터 시작되는데 마침 스위스 작가 '어서 피셔' 개인전이 열리고 있어 색다르게 영접했다. 3층에는 무엇엔가 짓눌려 구겨진 피아노와 녹아내린 듯 주저앉은 가로등, 갑자기 하얀 벽에서 불쑥 튀어나오는 사람의 혀 외에 별 다른 작품이 없어 휑한 듯한 느낌, 왜 그럴까?
유럽 여행 중에 바로크 시대 건축물에서 자주 봐 오던 착시효과를 노린 눈속임 기법 트롱프뢰유 때문이었을까?

오늘은 혼자다. 어슬렁어슬렁 딸네 동네를 산책한다. 나무숲에서 뜬금없이 사슴 가족을 만나 나만 놀라고 쪼르르 나뭇가지를 타고 오르는 다람쥐를 본다. 웬일인지 전봇대에 올라가 한 컷 찍으라고 포즈를 취해 준다. 땡큐여! 나온 김에 한 30분 거리에 있는 슈퍼에 들러 어슬렁어슬렁 구경한다.

엄마! 바람 쐬러 갑시당. 오케이, 좋아 좋아~. 집에서 밖으로 나가자고만 하면 왜이리 좋을까. 전생에 펄럭이는 바람이었던 듯. 영국에 물레방아처럼 동그랗게 구부렸다 펴지는 전갈꼬리 다리를 설치한 건축가 토머스 헤더윅이 맨해튼에 심은 작품. Vessel로 올라가 자본의 혈관을 통과한다. 어? 이게 뭐지? 현타가 왔다. 내 취향은 아니다.

드라이브스루의 천국에서 드라이브로 약도 사고 음식도 사며 통유리 버스로 거리를 돌며 쇼도 본다. 저녁은 브로드웨이에서 예약해 놓은 뮤지컬 〈킹키부츠〉로 목을 다시고 다음 날 밤은 서울에서도 못 본 조성진 피아노 독주로 영혼을 헹궜다.

버스를 타고 워싱턴으로 향한다. 그리스의 파르테논 신전을 모방한 기념관에서 링컨 아저씨랑 사진도 한 방 찍고, 백악관 정문 앞에서 28년간 침대의 감촉도 잊은 채 홀로 반핵 투쟁을 하느라 앞니까지 빠진 키 작은 여인의 외로움에 동참했다.

나이아가라다. 14만 년 후에는 사라질 그녀의 천둥소리를 듣는다. 어찌 저리 대담할까? 한 치의 부끄러움도 없이 엉덩이를 까고 앉아 노상 방뇨하는 저 여인. 타고난 야성을 그대로 보여 주는 광경에 넋을 놓는다. 모발을 날리며 폭포를 바라고 섰다. 저 멀리 물보라 속으로, 영화 〈나이아가라〉에서 조지가 배를 타고 가는 것이 보인다.

박용래의 시처럼 '사람은 사랑한 만큼 산다/…그 무언가를 사랑한 부피와 넓이와 깊이만큼'만이 그 사람의 시간이다. 유행을 선도하는 최첨단 도시 맨해튼 타임스퀘어에서나 세기의 사랑을 견고히 쌓아 올린 인도의 타지마할 묘역에서도 자전적으로 누릴 수 있는 것은 바로 시간이다.

　시간은 자신에게서 이탈하지 못하는 마음이 있다.

　지지난 9월 중순이었다. 모처럼 시간을 내어 비행기에 몸을 실었다. 한 달여 동안 미국 뉴욕주와 매사추세츠주, 여성들에게 최초로 투표권을 준 펜실베니아주를 집중해서 살펴보며 다녔다.

　요즘 핫하게 뜨고 있는 브루클린!

　모처럼 시간 내준 뉴욕대 의대생인 재은과 준수를 만나 그 다리를 오색 어깨들과 부딪치며 풍선처럼 걸었고 브로드웨이에서는 통유리 버스 'The Ride'를 타고 거리 뮤지컬에 취해 '떼창'도 불렀다. 매사추세츠주 보스턴에 가서는 예일대와 하버드대 도서관에 들어가 고색찬연한 전통을 감상했다. 우리가 잘 아는 명사들의 졸업 사진이 벽면에 일정한 거리로 걸려 있어 반가웠다.

　마지막으로 들른 펜실베니아주에서는 3천 800여 종의 그래피티 벽화에 넋을 놓기도 했지만 정작 이번 여행에서 우연히 발견하게 된 보배는 '랭커스타 아미쉬 마을' 방문이었다. 그렇다면 과연 그들이 감춘 보배는 무엇이었을까. 그것은 아무도 갖지 못하는 곳에서 아무도 도둑질해 갈 수 없는 아날로그 시간을 그대로 사용하고 있었기 때문이었다.

그 시간을 아름답다고 느낀 이유는 계획하고 떠나서가 아니라 바라는 것 없이 떠나서일 것이다.

: 아미쉬 마을

빛의 속도로 돌아가는 뉴욕커들을 비웃 듯 21세기를 폭풍 질주하는
자동차를 비웃기라도 하듯

히힝히힝
건강하게 그을린 말과 쟁기가 느긋하게 초원을 갈아 업고

꾹꾹 호롱불로 눌러쓴 편지를 싣고 새벽을 달려가는 마차
집집 3대의 아이들은 양의 젖을 받아쓰며 치즈로 성장하고
다른 마을 TV, 컴퓨터, 핸드폰 세상을 힐끗 쳐다보며 다시던 입맛까지
뽀드득뽀드득 바지랑대 손빨래로 바짝 구워 내는 사람들
같은 땅에 살며 대통령이 누군지 아이돌이 누군지 알지는 못하지만
직접 만든 이불, 비누, 쨈, 통조림 등을 북한, 아프리카, 코소보로 보내고
갓 키운 감자스프를 읽으며 식탁의 발음으로 조용히 기도드리는 사람들

아미쉬들은 말한다
전깃불 사용은 따스한 거실의 저녁 시간을 각각의 방으로 흩어지게 한다고

눈 내리는 옛집에 호롱불이 켜진다 추운 겨울 밤 화롯가에 온 식구가 둘러앉아
밤을 묻고 아이들 그림자놀이에 시간 가는 줄 모르게 이야기가 피어오른다 살기
위해 조각내 팔아넘긴 상처투성이 고향 하늘 흠질로 새들을 다시 부르고 삽살
개를 풀칠해 모양을 찾는 동안 우리가 붙들어야 할 기억들은 어느새 마찻길 발
등을 지긋이 누르며 정겹게 사람 동화를 써 내려가고 있었다.

_윤향기 〈랭커스터 아미쉬(Amish)〉* 전문

* 필라델피아주에 있는 16C 청교도 정신으로 살고 있는 종교단체.

어찌 지내십니까? 허드슨강도 샌
트럴파크 햇살도 다 안녕하십니
다. 오늘도 버킷리스트 수행 중!

: 페이퍼 나이프

배려, 그 아름다운 약속

―미얀마

: 쉐산도 사원에서 바라보는 올드바간의 일몰

한 나라를 일생 몇 번이나 갈 수 있을까?
한 권의 책은 평생 몇 번 읽을 수 있을까?
한 정신을 변화시킬 수 있는 건 어느 쪽이 더 힘이 셀까?
같은 나라를 가도 같은 책을 읽어도 오래전 경험과 동일하지 않다.
살아 낸 시간들이 그 풍경과 단어들에 실려 다른 얼굴과 다른 목소
리를 내는 바람에 깜짝깜짝 놀라게 된다.
어떤 풍경은 그리움을 지불해야 사고 어떤 풍경은 학습료를 지불

해야만 얻을 수 있다지만 또 어떤 풍경은 상처를 지불하고 사야 하기 때문이다.

 황금의 땅 미얀마!
 고립과 통제의 고단한 날들을 견디면서도 부처의 미소를 잃지 않는 나라. 찬란한 불교 유적의 속살을 드러낸 나라. '론지'라 불리는 전통 치마를 입고 거리를 활보하는 남자들, 햇빛을 차단하기 위해 노란 백단향 가루 '타나카'를 바르고 다니는 사람들, 빨간색 천을 두른 승려들의 긴 맨발 행렬에 눈이 부신 나라.

 올드바간의 일몰 풍경은 신비롭다 못해 치명적이다. 이곳의 어둠은 하늘이 아니라 땅에서 올라온다. 들판 가득 끝없이 서 있는 탑들의 바다에서 들려오는 신화에 귀 기울이며 숙소로 돌아오는 길. 달그락 달그락 마차들의 말발굽 소리만이 피톤치드 뿜뿜한 어둠 속으로 나직하게 깔린다.

 아침 차창 밖 거리에 자주 질그릇 항아리가 보인다. 고적한 매무새가 아정한 연륜을 느끼게 한다. 무슨 신주단지? 아님 기도하는 장소?
 어느 곳엘 가나 눈에 띄기에 물어보니 이 항아리는 길 가는 나그네의 갈증을 해소해 주는 '배려의 물동이'란다. 나뭇잎으로 지은 작은 집이나, 큰 나무 사이에 보관하는 것은 뜨거운 태양빛은 물론 비와 먼지, 새들의 분비물을 피하기 위함이란다.

 이곳 '물 보시 풍습'에는 불교의 '물 보시 10공덕'이 들어 있다. 물

: 배려　　　　　　　　　　　　　　　: 약속

을 보시하면, 첫째 장수하고, 둘째 아름다워지고, 셋째 부유해지고, 넷째 강인해지고, 다섯째 두뇌가 명석해지고, 여섯째 마음이 깨끗해지고, 일곱째 일이 잘 풀리고, 여덟째 드높아지고, 아홉 번째 덕을 이루고, 열 번째 성공적인 여행 기원이 들어 있다.

　물 공덕을 위해 한 가문에서 물동이를 설치하면 매일 아침 새 물을 채워 놓아야 할 뿐만 아니라 주인공이 사망하는 날엔 그 자손들이 대를 이어 지킨다. 이 청명하고 고귀한 언약들은 그대로 달까지 흘러 간다.

　먼지 많고 더운 지방에서 갈증 해소에 이보다 더 좋은 보시는 없는 듯하다. 물론 정수기 산업이 발달되질 못했으니 사람이 많이 모이는 곳이면 어디든 5개 혹은 3개의 물동이가 있기도 하지만 하나만 있거나 두 개 정도가 가장 많았다.

　정겹지 않은가? 우리네 우물 인심이 거기 있으니. 물이 귀한 곳에서 물 한 모금을 갈증 나는 누군가에게 준다는 것은 인간 생명 존중에 대한 휴머니스트로서 종교적 행렬에서 실족하지 않기 위한 가장 중

: 겸손

: 자비

요한 배려이며, 약속인 셈이다.

　물 한 바가지를 떠 주면
　먹는 사람이 행복할까?
　떠 준 사람이 행복할까?

　젊은 날 내가 가둬 놓은 물의 속성은 '우유부단', '비겁'이었다. 현존과 정면 타결하지 못하고 비켜 흐르면서 몸을 바꾸는 모습이 그렇게 비쳤다. 그러나 나이 들며 물처럼, 물의 육담처럼 살기가 얼마나 어려운가를 뼈저리게 느낀다. 영육의 자존을 다 버리고 타인에게 자신을 온전히 맞추는 삶. 그 겸손한 겸손이야말로 저물 무렵의 숲속에서 새벽을 채비하는 나뭇잎 위의 이슬방울이다.

　우리가 죽는 날까지 배워야 할 한 방울의 사랑은 새벽 산의 입김이며, 한기(寒氣)인 배려인 것이다. 배려의 기술은 사랑의 기술만큼이나 필요하다.

내가 누군가를 위해 무엇인가를 배려하면 1. 기쁨을 두 배로 받고, 2. 모르는 새 친구를 얻고, 3. '나'를 드높이고, 4. 마음의 문이 열리고, 5. 상처가 회복되고, 6. 행복한 삶에 오르고, 7. 인격이란 찬란한 옷을 입게 된다.

바슐라르를 빌리면 "어떤 불속에는 자신의 연기로 완전히 검어지기를 원하는 의지가 있다." 마찬가지로 "어떤 물속에는 자신의 찰랑거림으로 맑아지기를 원하는 의지가 있다."

: 우베인 나무다리

지금도 몸을 바꾸며 사람의 눈 속을 흐르는 어떤 강물을 생각한다. 떠났다 돌아온 그대에게 미얀마를 속삭여 줄게. 죽을 때까지 내 곁에 있어 줘 라며 나는 가장 원초적인 나의 물 한 페이지를 넘긴다.

고대 이집트에서는 가죽이나 종려 같은 나뭇잎, 파피루스로 샌들

: 〈Khin Maung Zaw〉 미얀마 스님의 그림

을 만들어 신었고 파라오는 금신을 신었다.

샌들을 신는 것은 신관·왕·귀족 등에게 허용되었던 특권이었지만, 자기보다 고위자 앞에서는 신을 벗었으며 성역에서는 신지 않는다. 마찬가지로 미얀마의 모든 사원과 파고다는 맨발만 허용한다.

아픈 지구를 식히려고 태풍이 지나갔나 보다. 쾌청한 아침 만달레이에 도착하자마자 '마하간디용 수도원'으로 가서 특별히 부탁을 했다. 내일 작은 정성을 보시하고 싶다고. 그곳에 보시를 하려면 일 년 전에 예약을 해야 한다는 말을 듣고 아연실색하였으나 "어디서 왔느냐?", "코리아에서 왔습니다."라는 말에 정성이 보였는지 참여해도 좋다는 즉석 허락을 받았다. 야~호~!

다음 날 점심시간에 맞춰 수도원에 도착했다. 스님들께 음식을 보시하려고 이미 서 있던 공양 줄의 맨 앞에 나를 세워 준다. 미안한 마음으로 합장하며 베리베리 땡큐! 물론 나도 맨발이다. 수많은 관광객들은 담 밖에서 운동화를 신은 채 사진 찍기에 열중이다.

뗑! 식사 시간을 알리는 타종 소리와 함께 물밀듯이 스님들이 들이닥친다. 눈코 뜰 새 없이 빠른 속도로 지나가는 천 명의 스님들께 비닐에 쌓인 비스켓 하나씩 일일이 바루에 넣어 드린다. 잠시 실수로 비스켓 하나를 떨어뜨렸다. 허리를 굽혀 그것을 줍는 사이 어린 사미승 하나가 휙~ 지나갔다. 과자를 받지 못하고 지나갔다.

순간이었다. 계속 밀어닥치는 스님들의 바루에 비스켓을 넣어 드리면서도 내 마음은 온통 그 어린 사미승에게로 가고 있었다. 그날 내 얼굴에는 부처의 미소가 흘렀던가? 그러나 돌아오는 내 맨발의 감촉에는 천 명에게 보시한 충만감보다 한 명에게 보시 못한 아쉬움만 대롱대롱 매달려 따라오고 있었다.

 사미승에 대한 아쉬움을 배낭에 넣고 사원 모퉁이를 돌고 있었다. 저 멀리 부채질하는 사람들이 보인다. 바짝 다가간다. 주름살 투성이 할머니와 어린 손녀.
 이 더위에 누구를 위해 불상을 향해 이토록 쉼 없이 부채질을 하는 걸까? 자신들의 더위보다 거대한 불상의 더위가 더 안타까운 저 보살심을 무어라 말해야 할까? 부채질하며 하나의 영역을 확립하기 위해 필요했던 시간들을 무엇이라고 불러야 할까?
 불상마저도 살아 있는 존재처럼 여기는 그들의 곡진한 눈빛은 자신의 수태에 관한 행위를 한 번도 떠올려 보지 못한 사람들의 순결한 눈빛이었다.

: 쉐지곤 파고다 야경

거리를 걷는다. 거리 미술에는 그 시대의 관음(觀音)과 관음(觀淫)이 서로의 그림자처럼 꿈틀거린다. '황금의 모래언덕'이라는 의미를 지닌 쉐지곤 파고다는 사람들이 가장 많이 찾는 성소이다. 쉐지곤의 황금빛은 영원히 불타고 있어 녹슬지 않는 현재형 불의 색으로 불순물을 태워 버리는 '깨달음의 빛깔'이기도 하다.

기원전 585년, 어느 두 형제가 고타마에게서 얻은 머리카락 여덟 가닥을 이곳에 묻고 탑을 세운 것이 기원이다.

우리나라 남자들에게 병역의 의무가 있는 것처럼 미얀마 남자들은 머리를 깎고 승려 생활을 경험해야 성숙한 어른으로 인정받는다. 국민 대다수의 남녀가 7~13세 사이에 불교에 입문하는 '신뷰' 의식은 일종의 통과의례인 성인식이다.

사실, 이번 일정은 시간을 이리저리 쪼개어 도시 하나를 더 넣을까 말까 하는 여행이 아니었다. 골목골목 걷다가 힘들면 쉬고 본성처럼

마주치는 거리 축제에 함께 참여하기였다. 나의 심중을 알기라도 한 것일까?

우연히 길을 가다 꽃으로 화려하게 치장한 코끼리 위에 앉아 행복하게 웃고 있는 어린 왕자들과 성장한 대가족들을 만났다. 결혼식보다도 화려한 전통의상을 입은 소년의 어머니는 음악에 맞춰 꽃가루를 뿌리며 잔치 행렬을 이끌었다.

손에 손에 공양물을 들고 가는 이 무리의 축제에 기꺼이 스며들었다. 말로만 듣던 신뿨 의식의 참맛은 흥에 겨워 들떠 있었다. 얼마나 황홀하던지. 곱게 화장하고 코끼리에 올라탄 미얀마의 어린 붓다들!

"밍글라바(안녕하세요)!"
인사말을 들은 이번 여행은 선물이었다. 신뿨 의식의 그윽한 팔만 사천 은유는 지심과 단 둘의 여행에 딱 맞는 옷이었다.

그대와 함께한 그 모든 시간

−오스트리아

: 할슈타트

여름방학.

기운이 없어 주춤주춤 갈까 말까를 망설이는 내 마음에 파란불을
켜 GoGo를 외쳐 준 그대. 보약을 먹는 것보다 여행을 떠나는 것이

원기 회복에 훨씬 유익하다고 외쳐 준 그대. 행만리로(行萬里路), 만리를 여행하며 이국의 풍물을 구경하다 보면 만 권의 책을 읽는 것처럼 수많은 나를 만나게 된다. 그대가 누군지 알기 전에 내가 누군지 알게 해 준 오스트리아 여행.

아우프 비더젠 할슈타트!

사진작가들이 꼭 한번은 왔다 간다는 아름다운 호숫가 마을. 〈겨울왕국〉의 배경이 된 동화 속 마을 할슈타트가 달려온다. 백조에게 먹이를 주려고 잠시 멈춰 선다. 보이지 않던 물결이 잔잔하게 움직이는 게 보인다. 그저 잠시 쉬었다 가는 것만으로도 위로가 되는 공간이 있다면 바로 여기가 아닐까? 이

: 영화 〈사운드 오브 뮤직〉 한 장면

젠 경주마에서 내려와. 아무것도 하지 않아도 괜찮아. 그냥 벤치에 앉아 멍 때린다고 죄책감을 느낄 필요는 없어. 백조가 조용조용 말해 준다.

고마웠다. 옛 달력에서 보아서인지 처음 본 풍경 같지가 않다. 할슈타트에서 모차르트 생가가 있는 잘츠부르크까지 차로 달린다.

오십이 지나면서 예전과는 조금 다른 음악을 듣고 약간은 낯선 음식을 선호하게 되고 낯선 곳을 바라보는 시선도 호기심에서 진중함으로 바뀌었다. 산타할아버지가 아빠라는 사실을 알게 된 때처럼 이제는 모퉁이를 돌다 우연히 부딪치는 운명 같은 만남을 믿을 나이가 아니라는 것도 알게 되었다.

두둥두둥 심장 떨리게 소중했던 시간, 팡팡 모세혈관이 터지듯 아팠던 시간, 그리고 내려놓지 못해 끙끙거렸던 시간, 이제는 다 날아가 버린 빈 둥지에 홀로 잠드는 시간까지 사랑이라고 불러도 된다면, 나는 여전히 사랑을 하고 있다.
지금의 나를 이루고 있는 그 모든 시간은 그대의 하루와 나의 하루가 떴다 지고 떴다 지며 멀어져 간 비경이다.

또 하루가 가고 이젠 그 사랑에 대해 쓸 시간이 얼마 남지 않은 것도 안다. 그래도 내게 다시 열린 하루치 여행은 계속될 것이고 가는 곳마다 어린아이처럼 웃고 있는 나를 발견하게 되는 일은 최고의 카타르시스였다.

모차르트의 고향 잘츠부르크!

뭔가 담백한 시골 빵 냄새를 머금은 골목 모퉁이마다 모차르트의 아리아가 흘러나온다. 아이들이 도레미송을 부르던 뮤지컬 영화 〈사운드 오브 뮤직〉의 배경인 미라벨 정원은 아직도 높은음자리표로 인기를 끌고 있다.

: 모차르트 묘지

모차르트의 어린 시절 머리카락까지 보관한 그의 생가를 둘러보고 1000년의 역사를 넘어섰다는, 그가 세례를 받았다는 대성당을 지난다. 많은 유동인구가 오갈 때마다 걷은 통행료와 특히 소금에서 나온 부가 이 도시를 이처럼 예술과 건축의 미학으로 발전시켜 나간 것이다.

음악의 나라. 1791년 12월 어느 날의 빈. 폭설이 하염없이 쌓이고 있다. 볼프강 아마데우스 모차르트(1756~1791)가 결혼식을 올렸던 슈테판 성당에서 모차르트의 약식 장례식을 구경한다. 그는 슈테판 성당에 모처럼 편안하게 누워 비엔나에서 보낸 아름다운 나날들을 떠올릴 것이다.

폭설이 내렸으므로 장례식장에는 가족 중 그 아무도 따라간 사람이 없고 묘비도 세워지지 않았다. 비엔나의 교외 생마르크스 공동묘지 인부들은 대여섯 시신을 마차에 간신히 싣고 와 구덩이에 내던진다. 자루에 담긴 시신들은 아무런 표식도 없이 구덩이에 묻히고, 그 위에 날카로운 얼음 흙이 덮여지고 다시 흰 눈이 쌓인다.

음악사 최대 미스터리라면 단연코 모차르트의 시신 찾기가 아닐까? 현재도 오스트리아는 대학을 중심으로 각종 첨단 장비를 동원해 유골을 찾고 있다고 하니 말이다.

살리에리를 저주하고 미워하며 보았던 영화 〈아마데우스〉에서의 장례 절차처럼 실제로도 가난한 사람들의 시신을 공동매장하는 방식은 그 당시 천민층에서 행해졌던 장례 방식이었다고 한다.

베토벤의 장례식에 모여든 2만여 군중들이 어떻게 모차르트 장례식에는 발길을 딱 끊었는지 신기했다. 죽음은 삶의 반대말이 아니다. 죽음은 삶의 아름다운 완성이다. 어떤 완성은 여운을 남기고 어떤 완성은 기억을 자른다.

여행 후에 오스트리아를 잊지 못해 운다는 건 다 거짓말이다. 어쩌면 흐릿해지는 자신의 기억이 그리워 울고 있는 것일 뿐.

트램 7. 72번 Zentralfriedhof역에서 내렸더라면 쉽게 찾을 수 있었을 것을, 딸과 나는 전철을 타고 묘지의 둥근 담 뒤편에서 내리는 바람에 땡볕에서 족히 20분을 걷고 나서야 중앙묘지 정문 앞에 도착한 것이다. 순간의 선택이 이렇게 삶을 힘들게 할 줄이야.

그것뿐이라면 또 말도 하지 않는다. 정문 앞 오른쪽 꽃가게에서 장미 열 송이를 사 들고, 지도를 들고, 경비 아저씨가 가르쳐 준 대로 걸어 들어간다. 그러나 두 번째 블록부터 지도와는 상이하다. 혼미!

헤매고 묻고, 헤매고 묻다 다리 아프면 무덤 주인에게 Sorry를 연발하며 장미 한 송이를 놓고는 상석에 멧방석만한 히프를 얹곤 한다. 지나가는 길에 묘비가 마음에 들면 한 컷 누르고. 머리가 나쁘면

몸이 평생 고생이라더니 이처럼 맞는 말이 없다.

장미는 덥다고 짜증이고 애고, 학교 다닐 때 이렇게 열심열심 했더라면 지금쯤 대학 총장은 되고 남았을 것을… 우여곡절 끝에 나는 천재 음악가들이 잠든 '제32A지구'에 도착했다.

슈베르트가 베토벤 장례식에 다녀온 뒤 친구들에게 말했다. 자신이 죽으면 꼭 베토벤 옆에 묻어 달라고. 베토벤, 슈베르트, 브람스, 요한스트라우스 부자, 모차르트가 평화롭고 아름다운 반구형 공원에 마주 보며 누워 있다. 그들은 서로 생전에 본 적은 없지만 마음으로 아꼈던 선후배들끼리 옆집에 살고 있어 더 이상 고독해 보이지 않았다.

적요한 오후의 한낮. 사방을 둘러보아도 멀리 풀 깎는 인부를 제외하곤 아무도 없다. 평소에 없던 용기가 슬그머니 배 밖으로 튀어나온다. 노래방에 가서 잘 부르는 애창곡 하나 없는 내가, 마이크 대신 장미 한 송이를 들고 그들 앞에 선 것이다.

정중하게 그들의 눈을 똑바로 바라보며 낯익은 곡을 부르기 시작한다. 무슨 장대한 의식처럼, 그게 그들을 찾은 유일한 나의 경의인 것처럼, 돼지 멱따는 소리를 질러 대고 있는 것이다. 가사가 맞든 틀리든 다 내 맘대로다.

모르면 건너뛰고 또 모르면 허밍으로 건너뛰고, 아는 구절은 재탕, 삼탕으로 불렀던 것인데 갑자기 어디서 브라보, 브라보 소리가 들려 퍼뜩 정신을 차려 보니 이 웬 해괴한 일이고? 중년의 서양 부부가 박수를 치며 만면에 웃음을 띠고 서 있다. 나는 쪽팔려서 쥐구멍에라도 들어가고 싶은 심정으로 그들을 바라보며 웃는다. 그래, 난 진짜 퍼포먼스를 잘 끝낸 거야.

벨베데레 궁에서 '키스'가 전시된 가장 안쪽의 방으로 가려면 에곤 실레와 뭉크, 코코쉬카, 아르킴볼드의 그림도 지나야 한다. '빈 분리파'의 설립자인 구스타프 클림트는 "모든 예술은 관능이다(All art is erotic)."라고 말하며 화려한 색채 너머 죽음의 알레고리까지도 찬란한 황금빛으로 덧칠했다.

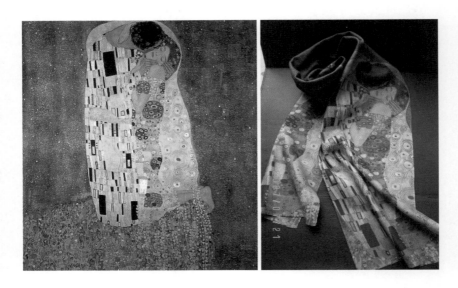

긴털 여우 망토를 걸친 클림트는 많은 작품 중에 누드와 섹스 장면을 열광적으로 담았으나 한 번도 결혼은 하지 않았다. 그의 그림은 벨베데레 궁전 기념품숍뿐만 아니라 전 세계 골목골목 상점에서도 빠르게 소비되고 있다.

: 엘리자벳 황후

아, 바쁘다 바빠. 그림엽서도 사고, 모차르트 오르골도 사고, 클림트 목도리도 사고, 엘리자벳 황후인 씨시가 애용했던 보랏빛 깃털과 잉크도 사고….

9일간의 세헤라자데!

-네팔

1. 2월, 네팔

　홍콩 경유, 밤 9시 30분쯤 카투만두 공항 도착. 공항에서 즉석으로 30$을 내고 비자를 받는다. 필요한 건 오직 사진 한 장.

　호텔 안내 데스크에는 가장 오래된 추위를 금색 능라천으로 가리신 붓다가 기다리고 계

셨다. 몸을 기울여 그의 손에 키스한다. 소낙비를 쫄딱 맞은 아이를
바라보시듯 눈빛이 자애로우시다.

킨의 〈Every body's Changing〉 노래가 담백하고 친근하게 들려
온다. 노래처럼 인생은 누구나 변해 가기 마련인데 이 노래를 듣고 계
신 붓다의 미소만은 변하지 않는다.

2. 어깨동무

참새, 야생 비둘기들이 지저귀는 소리에 잠이 깼다.

기분이 좋다. 내가 머문 방은 조촐했지만, 고상한 분위기를 풍긴
다. 자주색 체크무늬 침대보에 창가엔 햇빛을 등진 꽃무늬 커튼이 달
려 있다.

아침을 먹고 나니 그림을 그리는 네팔 시인이 나타났다. 자기 집으
로 초청하기 위해 달려온 것이다.

그의 3층 옥상에 올
라가 안나푸르나산의
전경을 보는 순간 내
마음을 송두리째 빼앗
겼다. 그저 바라만 보
아도 모든 상처가 치
유되는 것 같다. 쉽게
접할 수 없는 감동이
폐부 깊숙이 스며든다.
아침저녁 이런 신비한
웅혼과 이야기를 나누

The top leading dalley news paper
"Annapurna" Post - February 15 Sunday
2009

: 크리슈나가 일간지를 오려서 멜로 보내 준 사진. 낭송하는 필자, 최정란 시인,
유정이 교수, 유영봉 교수.

는 이곳 사람들은 얼마나 행복할까?

　잠시 후 현숙한 부인이 차와 쿠키를 받쳐들고 나타난다. 이른 아침인데도 찡그리는 기상이 없다. 여기서도 '세 잔의 차'를 함께 마시면 가족이 된다는 전설은 유효하여서 차가 떨어지기도 전에 따끈한 차는 계속 채워진다.

　저녁에는 유명한 네팔 시인들의 시 낭송 행사에 초청되었다.
　아침에 본 시인도 거기 있었다. 참석자들이 50여 명은 족히 되었는데 영국 유학파가 많았으며 언론, 학계의 인물들이 중추를 이루고 있는 것 같았다. 네팔에서 시인이란 우리나라의 1920~1930년대 같은 대우였다. 이 사회에서 존경받는 가장 지적인 문화단체로 보였다.

3. 포카라, 그 손을 잡고
　7시간에 걸쳐 포카라로 이동. 버스 지붕은 가방 천국이다. 세계 각지에서 모여든 가방이 서로 떨어질세라 손에 손을 잡고 달린다. 시속 40~50킬로다. 비포장에 꼬불꼬불~
　여기서 속도는 잊어야 한다. 달려온 길을 따라 뽀오얀 먼지가 하늘로 치솟는다.

　달력은 겨울이라 말하는데 그래도 아열대기후답게 2월의 길가 언덕과 산등성이에 핀 복숭아꽃과 보랏빛 들국화가 작은 동네를 밝히고 바나나가 지천이다. 사람들의 생김새, 옷차림, 건축, 제반문화 시설이 인도의 연속이다.
　다르다면 간간이 집의 벽에 붙어 있는 국왕 부처의 바랜 사진이다.

좀 더 지나자 유채가 눈이 부시게 노랗고 추수를 기다리는 보리가 바람에 몸을 맡긴 채 익어 가고 있다.

여기서부터 나는 저 유장한 자연들이 풀어놓은 풍경을 샹그릴라라 부르기로 한다. 이 아름다운 풍경과 만나고 헤어질 때마다 구불구불한 농로로 걸어가고 있는 그리운 이름들을 하나씩 부른다. 곡선의 층층 층계 논 위로 하늘이 쏟아져 내린다.
꿈길 같은 태고의 저 곡선은 사랑하는 사람들에게 네팔의 평화 한 조각을 보낼 것이다.

4. 안나푸르나
포카라 산마루 호텔. 호텔은 살찐 늙은 미망인 같다. 호수가 보이는 방에서 잠이 깼다.
까치 울음소리가 아침을 뒤흔들었다. 작은 골목의 빈민가 초등학교에 학용품을 전달하러 간다. 교실에 들어서자 아이들이 신기하게 쳐다보며 수줍은 듯 손으로 입을 가리며 웃는다. 검은 천으로 된 칠판이 흙벽에서 흔들거린다. 가지고 간 크레파스, 스케치북, 가방을 바닥에 꺼내 놓자 바짝 다가앉아 눈을 동그랗게 뜨며 얼마나 좋아하는지.

선생님의 안내로 바로 옆에 사는 한 학생의 집을 방문했다. 커튼을 들추고 들어선 방 안에선 비릿한 생선 내음이 났다. 어두워지는 차창 침대에는 어린 여인이 힘없이 누워 있고 옆에는 인형 같은 아기가 잠들어 있다.

어젯밤에 낳은 아기라고. 계획에도 없던 방문이어서 준비된 선물이 없어 난감했다. 저 천진스런 어린 산모에게 무엇을 주고 가긴 가야 할 텐데… 메고 있던 배낭을 털었다. 여분의 수건과 긴 스카프, 팬티, 양말, 스웨터 그리고 치약과 초콜릿, 비타민C 그리고 비상시에 쓰려고 비행기에서 훔쳐 넣은 모포를 주섬주섬 꺼내어 침대 모서리에 놓았다.

무슨 잘못으로 이 빈민촌에 추락했을지 모를 저 날개 잃은 여신을 위해서 내가 할 수 있는 일이 고작 이 정도라는 게 마냥 아쉽고 무지 부끄러울 뿐이었다. 그 여신의 집을 나와 걷는 내내 삐걱거리며 환상을 여닫는 나무 대문은 가난이 그림자처럼 몸에 붙어 떨어지지 않았다.

저녁에는 이곳 시인들과 시 낭송회를 열었다. 고아하고 진지한 모습에 존경심이 우러난다. 출발 전에 보낸 시 원고가 영문으로 번역되어 그곳 시인들의 작품과 함께 낭송 책자에 실렸고 일간지에도 우리들의 모습이 담겼다.

5. 마차푸차레

네팔 제2의 도시 포카라에서 바라다본 마차푸차레.

물고기 꼬리를 닮은 산맥의 정수리에 구름 한 점이 쉬고 있다. 묵언하는 그를 향해 거의 3,000미터 지점까지 보폭을 늘려 올라간다. 산은 그대로 자연의 사원이다.

여기서는 문명의 겉옷을 벗고 폐허의 가슴을 열어 그 속에 숨어 있는 내밀한 자신을 보라고 만년설이 나에게 훈계한다. 내 마음은 절

로 무릎을 꿇고 감사히 스승에게 삼배로 예를 올린다. 원주민들의 흙집도 함께 경외의 절을 올린다.

산은 큰할머니처럼 근엄하게 앉아 멀리서 온 손주들을 일일이 기억하려 애쓰신다. 하얀 한복에 곱게 빗어 반짝 동백기름으로 결을 내신 쪽머리엔 화관이 눈부시다. 하얀 치마는 드넓게 펴서 외씨버선이 보이지 않도록 매무새를 단정히 하시고 연신 내 정수리를 쓰다듬으신다. 눈물이 핑 돌 것 같은 나는 그 손에 공경을 초월한 뜨거운 키스를 남긴다. 벅차다.

물고기 꼬리를 닮은 산맥에서 바다의 물고기였던 기억이 꿈틀거린다. 눈이 부셔 잠시 눈을 감는다. "a-hum!"

나는 명상가가 아니다.
그렇기 때문에 명상을 한다. 진짜 명상가는 명상을 하는 게 아니다. 마차푸차레 할머니가 자신이 명상을 하고 있는 것조차 모르고 하는 상태가 명상인 것처럼…

:마차푸차레

그런 할머니의 동심원 숨결 속으로 내 고단한 숨결을 가만가만 부려 놓는다. 할머니의 입김과 나의 입김이 부딪혀 현재의 시공간을 하얗게 지워 버린다.

그때였다.

초원을 포르릉포르릉 날던 새 한 마리가 내 마음의 빨랫줄에 앉는다. 빨랫줄이 흔들린다. 흔들흔들 새가 흔들릴 때마다 세상의 중심이 시계추처럼 흔들린다. 새의 잔여 반동에 마차푸차레와 내 몸이 자연스럽게 하나로 움직이고 있는 것을 발견한다. 거대한 흔들림 속에 나 자신을 방치한다.

지중해 심연으로 사라지다가 갈라파고스 창공으로 날아오른다. 둥 두둥 둥 창공을 두드리는 북소리에 맞춰 물풍선 터지듯 허공으로 날아오른다.

그 순간 천 개의 부리로 마디마디 일곱 개의 차크라를 쪼며 올라오는 천 개의 아난드(anand, 희열). 달랑 귀고리만 남아 있는 방치된 나의 몸에 시간은 살지 않는 듯했다.

설산에 취한 나는 열아홉 첫사랑에게 편지를 쓰고, 배꽃을 꺾어다 달아 주고, 함께 오토바이를 탄다.

이대로 별이 뜰 때까지 설산을 들여다보면 붓다도 만날 수 있을 것 같다. 시간이 지나 높은 데로 갈수록 영적 파장으로 온몸이 가득 차오른다. 쏴아 깊은 행복감이 증폭되어 구름 속을 나는 기분이다.

꽃에 대한 생각도, 바람에 대한 생각도, 신에 대한 생각도, 나에 대한 생각도 없다. 묵언이 묵언 속으로 스며들고 눈빛이 빛으로 소통

되는 초자연의 공간.

스페인에서였다.

플라멩코를 추는 무희를 보고 있었다. 춤은 나선형 원을 그리며 발로 바닥을 차는 주술의 핵심이다. 일식이 몰려올 때처럼 그때 매우 이상한 기분에 사로잡혔다. 앞에서 춤을 추는 것이 나인지, 댄서인지 알 수가 없었다.

나의 내면에서 무언가 특이한 움직임이 일어났다. 내가 댄서고 댄서가 나인 상태, 댄서를 바라보는 나라는 존재가 아예 사라진 순간을 경험할 때의 최면 아니면 일종의 각성상태 같았다.

이런 증상은 튀르키예 여행 중에도 나타났다.

수피 음악에 맞춰 긴 모자와 긴 스커트를 입고 더얼비쉬가 춤추는 것을 보고 있을 때였다. 갈수록 빙빙빙 돌며 속도를 낸다. 원형으로 팽팽하게 펼쳐진 치마가 계속해서 돌고 돌아가는 춤이었다.

일상사를 잃어버리고, 어떤 마음도 잃어버리고, 그 춤을 바라보다 그 춤의 중심으로 빨려들어 나 자신이 사라져 버린 것이다. 혼돈 속의 집중이거나 어지럼 속의 균형이었을까?

    그런 일이 너무나 자연스러워서 내가 그냥 가만히 머물러 있는 것 같았다. 알 수 없는 충만한 오르가슴으로 인해 나는 고요해지고 황홀경의 순간에 내 존재가 최대로 확장되는 기이한 경험이었다. 그렇다고 그것이 텅 빈 무(nothing)라든가 그것이 일반화시킬 수 없는 아난드였는지에 대해서는 아직도 미지수로 남아 있다.

    그날 이후로 나의 청각에 변화가 나타나기 시작했다. 내 귀는 가부좌를 튼 발바닥에서도 마차푸차레를 가로지르는 물결 소리를 듣는다. 소리를 듣고 있으면 소리가 들리는 듯 들리지 않는 듯했다. 한적한 시간에 매달려 내 안으로 가던 소리가 차츰 내 안에서 밖으로 나오는 것처럼 무디게 들려왔다. 물 따르는 소리나, 책장 넘기는 소리, 저 들판을 지나가는 바람 소리나 털조끼의 똑딱 단추 소리까지도, 모두 내 안에서 나오는 것처럼 들린다. 영락없이 소리의 알을 품은 것일까?

6. 페이탈 호수

    안나푸르나 능선이 등뼈처럼 환히 비치는 페이탈 호수에서 긴 나룻배를 탄다. 작은 섬으로 간다.

천천히 나아가는 배가 고대의 시간으로 흘러들어 간다. 나룻배의 순한 백성이 되어 노를 젓는다. 멀리 사원의 종소리가 슬몃슬몃 어둠에 스며든다. 한 번의 노 저음에 천 개의 달이 새롭게 태어났다 사라진다. 몇 번째 달이었을까? 일렁거리는 나에게 살며시 다가와 「바가바드기타」의 시 한 구절을 부드럽게 암송해 준다. 나는 놀라워 달을 쳐다본다. 달의 얼굴에 웬 낯선 중늙은이가 보인다.

나는 물의 맛이다. 나는 태양의 광채이며 달의 광채다. 나는 모든 베다의 신성한 옴이다. 나는 공간 속의 소리이다. 나는 여자의 용맹이다. 나는 땅의 신선한 향기이며 불의 열이고 모든 존재의 생명이며 금욕주의자들의 존엄이다. 나는 모든 존재의 태고의 씨다. 나는 욕망과 정열로 오염되지 않은 힘이다. 나는 모든 존재를 움직이는 사랑이다.

7. 다시 카투만두

훅~ 불어오는 바람은 기상 캐스터다. 하루 종일 네팔 사원들의 종소리를 구경하고 목소리가 변하더니 곧바로 편도선이 부어오른다. 적응을 못하고 화가 난 것이다.

화난 몸을 달래며 보드나트 사원의 제3의 눈에게 기대어 이곳저곳을 기웃거린다. 사원의 붉은빛의 에너지가 나를 사로잡을 것 같은, 회오리바람처럼 나를 뿌리째 뽑을 것 같은, 야생의 에너지가 눈을 깜박거리며 나의 뒤를 밟고 있다.

저녁에는 관광청 장관이 초청하는 만찬에 참석하였다. 넓은 홀 안에는 벌써 훌륭한 저녁상이 차려져 있다. 우리 일행이 들어가 앉자 곧 전통 민속춤이 시작되었다.

8. 룸비니 가는 길

아쇼카 꽃이 만발한 나뭇가지를 보니,
만삭의 마야부인이 아쇼카 나무를 잡으
려 팔을 뻗는 도중에 나뭇가지가 스르
르 자라나 마야부인의 팔을 잡자 그녀
의 겨드랑이에서 붓다가 태어나던 광경이
눈앞에 그려졌다.

: 룸비니 조각상

그 신령한 조각상 앞에 나는 촛불을
바치고 삼배를 올렸다. 지금도 오빌리스
크 같은 룸비니 동산의 아쇼카 왕 돌기
둥에는 이렇게 적혀 있다.

아쇼카 왕은 즉위 20년 뒤 몸소 와서 예배하
고, 이곳은 붓다 석가모니께서 탄생하신 곳으
로 돌을 깎아 마상을 만들고 돌기둥을 세운
다. 이곳은 세존께서 탄생하신 곳이므로 땅세
를 감면, 8분의 1만을 부과한다.
_「본생경 권 1」

9. 트리부반대학 견학

지독한 냄새와 끈적거림은 인도와 별반 다를 게 없다. 네팔에서 가
장 크다는 대학 캠퍼스를 둘러본다. 차에 탄 채 정문을 통과하는데
경비 같기도 한 사람이 차를 세우더니 다짜고짜로 이마에 붉은색 에

너지 물감을 듬뿍 발라 준다.

떠나기 전에 관광청에 꼭 들렀다 가라는 장관의 말을 기억한 우리들은 관광청에서 기다리고 있던 그를 만났다. 그의 집무실은 여행과 詩로 부풀어 올랐다.

저녁 만찬장에서 본 자유로운 의상이 아닌 네팔 전통 예복으로 멋을 맘껏 부렸다. 그는 비행기 시간에 맞추느라 일어나는 우리들을 데리고 아래층으로 내려가 이것저것 선물을 한 가방씩 들려 주었다. 장관을 만난 것도 과분한데 한아름 선물이라니. 모스의 선물이든, 쿨라의 습속이든 주고받는 행위는 행복한 사랑임이 분명하다.

집에 돌아와 선물을 풀었다. 작은 나무상자가 눈을 확 잡아끌었다. 와우~ 너무나 맘에 드는 붓다! 색깔은? 상상 밖의 깜둥이 부처님!

영겁의 세월 동안 완전성을 훈련해 왔던 그는 아주 매력 있고 섹시하며 스마트한 근육질의 젊은 미남이다. 지금도 글을 쓰는 내 곁에서 한시도 떠나질 않는 그. 그의 정신의 잔고에 연결된 몸이라는 잔고. 그도 내가 싫지 않은 모양이다.

난 아마 한동안 이 젊은 남자에 푹 빠져 살 것 같다. 아니 함께 나이 들며 수채화처럼 낡아 가도 좋으리라.

프라하의 봄

-체코

K형!

아직도 여전하고만. 푹 꺼진 볼이며 형형한 눈빛이며 그래 그간 애인은 생겼는지?

형의 뮤즈였던 펠리체 바우어, 율리에 보리체크, 밀레나 예젠스카, 마지막 죽음을 지켜 준 도라 디아만트 말고, 뻥 뚫린 가슴팍을 꽉 채워 완전체로 만들어 줄 그런 여인 말이야.

7월의 프라하는 반들반들 빛나는 바닥의 옛 돌들까지 펄펄 끓네요. 그래도 형 작업실이었던 연금술 거리에 있는 황금소로 22번지와 벌건 대낮에 두 남자

: 카프카 동상

103

가 마주 보고 서서 남세스럽게 오줌을 깔겨 대는 카프카 뮤지엄은 사람들로 북새통이더군.

시청사 첨탑에 올라 내려다본 빨간 지붕들은 더위에 헉헉대긴 해도 나에겐 그조차 매혹으로 다가오더라니까. 형이 폐결핵으로 각혈을 했을 때는 아마 저보다 더욱 붉게 타올랐을 거야.

그런데 말야, 형! 알고 있었지? 내가 냉동인간처럼 파리하고 쾡하기 이를 데 없던 사진 속에서 보았던 형의 고독을 남몰래 사랑한다는 것을. 고독한 천재 몽상가인 형이 건네준 프라하 장미술을 먹고 내가 그날 밤 장미가 되었다는 것도. ㅎㅎ

체코는 매혹이다.

매혹의 언저리에서 무심을 건드리는 것이 얼마나 어려운 일인지 모르는 사람은 없다. 무심이란 열망의 반대편에 대한 매혹이기 때문이다.

사랑하는 사람의 육체를 통하여 한순간 충만한 생명을 엿보는 것처럼, 쓸쓸한 동공의 사내를 만나 찰나적으로 멈추어 있는 그의 번

갯불을 본다는 것은 살 떨리는 일이다.

체코는 프란츠 카프카 (1883~1924)와 밀란 쿤데라(1929~2023), 알폰스 무하(1860~1939), 에곤 실레 (1890~1918)가 있고, 성인 동상들이 중세의 삶과 현재의 시간을 이어 주는 블타바강의 카를교가 있다.

: 해 질 녘 카를교 전경

궁중사제였던 네포무크가 가톨릭 신자인 왕비 소피아와 불륜을 저지르고 고해성사를 하였다. 이 사실은 곧바로 왕인 바츨라프 4세가 알게 되고 네포무크를 잡아다 발에 돌을 매달아 블타바강에 던졌다. 이때 강물 위에 찬란한 별 다섯 개가 떠올라 그를 성인으로 모시게 되었다고.
그날 개도 함께 떨어졌다는.

밀란 쿤데라의 「참을 수 없는 존재의 가벼움」을 영화화한 〈프라하의 봄〉이 떠올랐다 스러지자 저 멀리서 검은 점 하나가 다가온다. 차츰 가까이 다가오자 프라하의 외톨이 카프카로 변해 버렸다. 차츰차츰 더욱 가까워지자 카프카는 내가 바라보는 어둡고 쓸쓸한 프라하의 풍경이 되어 버렸다.

: 에곤 실레 〈붉은 수건을 두른 남자〉   : 그래피티

순간을 놓칠세라 그 풍경을 찍어다 내 방에 붙여 놓고 박물관에서 사 온 카프카 커피잔에 커피를 내리며 요즘도 그 풍경을 대책 없이 그리워하고 있다.

클림트의 제자 에곤 실레와 체코가 만나면 동화가 되는 체스키크 롬로프는 작은 마을 전체가 세계문화유산이다. 고풍스런 마을은 하나의 예술품이다. 체코 전통 빵인 크네들리키를 하나 사서 뜯어먹으며 동네 한 바퀴를 돈다.

옛 양조장을 개조한 에곤 실레 미술관을 보고 나오다 그 옆에 있는 예쁜 레스토랑으로 들어가 그를 식사에 초대했다. 운이 없었는지 고열로 신음 중이란다. 그의 손에 이끌려 이곳저곳 다니면서 인생을 논하고 싶었는데….

: 알폰스 무하 박물관

발길을 돌리다 싱싱하고 육감적인 자줏빛 체리를 만났다. 목이 타는 이 더위에 어찌 그냥 지나갈쏘냐. 한 바구니 듬뿍 사서 입술이 새까매지도록 씹어 넘긴다.

맛, 맛, 무슨 맛? 타부와 가식을 전복시키는 프라하의 맛!

다시 7월의 도시가 에곤 실레로 만개하고 있다.

과감하고 강렬한 터치 때문에 한번 보면 오랫동안 머물게 되는 그의 그림들. 인간의 몸에서 뿜어져 나오는 에로티시즘의 빛을 그리느라 늘 흔들리는 눈빛으로 몸부림쳤던 천재. 인간의 근원적인 성에 대한 화려한 색채의 향연이야말로 그를 가장 인간답게 만들어 준 몸부림의 절정이었다. 당시의 금기를 위반했던 그의 에로티시즘은 경이로운 詩이자 신비스러운 퍼포먼스로 지금도 성스럽게 피어나고 있으니….

불멸의 유혹을 작품으로 남긴 채 불경스럽게 아우성치다 장엄하게 28세에 퇴장한 비극은 막을 도리가 없었다. 그래서 그는 신이 포기한 것 같은 세상에서 그림만을 안고 살아갔는지 모른다.

나는 포스터로 처음 알폰스 무하의 그림을 만났을 때 무하가 여성인 줄 알았다. 식물의 덩굴무늬 같은 곡선을 연상시키는 아르누보, 그리고 그 중심에 있는 그의 그림들은 어쩌면 그리도 조곤조곤 말하고 우아하게 춤추고 싱그럽게 노래하는지….

1890년대, 풍만하고 우아한 여성상을 세련되고 아름답게 장식한 포스터에 의해, 세기말 포스터 황금기의 아르누보 일인자가 된 그의 그림들을 보고 있노라면 아마도 바로 전생에 천사 생활을 오래한 듯하다. 새로운 예술이라는 뜻의 아르누보는 19세기 말에서 20세기 초에 걸쳐서 유럽 및 미국에서 유행한 장식 양식이다. 그의 그림은 미술 서적보다는 책의 삽화, 잡지 표지, 우편엽서, 달력, 포스터, 광고 등에서 더욱 쉽게 발견된다.

몽환적 부드러움이 휘감는 아름다운 여성과 화려한 꽃은 무하의 대표적인 특징이다. '벨 에포크' 시대의 장식예술가인 그는 1903년 미국에 건너갔다가 상업화되어 가는 자신의 작품에 회의를 품고, 프라하에 돌아와 체코 역사와 민족애를 담은 20개의 연작 〈슬라브의 서사시〉를 조국에 헌사하고 그리던 고향에서 영면하였다.

누구나 보았지만, 누구도 제대로 알지 못했던 보헤미안 화가! 매혹적인 곡선으로 21세기의 중심에 황홀한 스펙트럼을 펼쳐 놓은 그와의 인터뷰는 체코 여행의 백미였다.

오꾼찌란 캄보디아!

앙코르와트(Angkor Wat), 정글 속에 다녀왔습니다.

뿔뿔이 흩어져 살던 신들이 내려와 호수를 내쫓고 터를 닦더군요.
천년의 일몰을 지켜보던 비단 눈빛을 꺼내 기둥을 세우구요. 난 몰
래 유적 기둥에 들어 있는 압살라(무희)들을 불러냈어요. 맨발의 그녀
들과 함께 현묘하게 손가락을 휘고 요염하게 발뒤꿈치를 들어 춤을

추었지요.

　살아 있는 인간의 노래를 들려주기 위해 하늘과 땅, 물 깊은 곳과 드넓은 허공에 헐어 놓은 천 개의 바람 소리를 불러들였어요. 그러고는 새의 똥에서 나온 씨앗 스뿌엉 나무가 흙먼지를 뽀얗게 뒤집어쓰고 해가 넘어갔다고 말할 때까지 홀린 듯 춤을 추었어요.

　겹겹이 쌓인 시간의 입구를 툭툭이를 타고 돌진합니다.
　언젠가부터 여행도 친환경적으로 해야겠다는 생각이 들곤 하였지만 이번 여행 내내 툭툭이와 맨발을 고집한 것은 에코투어리즘 때문만은 아니었지요. 그저 토착민처럼 흉내를 내고 싶었던 거지요.

　입구에서부터 사원까지는 제법 멀군요. 나를 멈추게 했던 장님들의 연주를 들으며 방향을 틉니다. 캄캄한 세월의 정글 속으로 들어갑니다. 입구에 들어서자 마치 마법의 성에 온 것 같습니다. 정말 7대 불가사의의 뜻을 알 것만 같습니다.

　새벽 다섯 시. 한 점 불빛도 없습니다.
　앙코르와트, 신의 정원은 일출을 보려는 사람들로 붐비다 못해 사진작가들로 북새통을 이룹니다. 신의 세계로 들어간 사람들은 직접 신이 된 것처럼 불어오

는 바람의 계시로 머리칼을 쓰다듬고 얼굴을 매만집니다. 세상을 탓하지 않는 손길이 순연하기만 하군요. 설핏 그 바람에 기대어 1초 동안의 긴 고백도 해 봅니다. 오꾼찌란(정말 감사)!

이곳 사람들은 코로나가 없던 시절부터 마스크나 스카프로 코와 입을 가리고 자전거나 오토바이를 타고 다닙니다. 도로 사정이 좋지 않은 관계로 차만 지나가면 모래바람이 날리기 때문이지요. 간간이 입으로 들어오는 모래를 특급선물로 받았지만 지나가 버린 우리들의 자화상을 보는 것 같아 그리 싫지 않았습니다. 한 대의 오토바이에 온 가족이 매달려 가는 모양은 태양의 서커스를 방불케 합니다. 느리고 여유로운 툭툭이의 속도만큼 온몸으로 맞이하는 고도의 은밀한 바람은 나를 멈추게 했던 힘 그 자체였으니까요.

여기 모든 사원들은 남근 형상입니다. 그 사원들은 하나같이 호수를 거느리는 링가인 셈이지요. 금방이라도 하늘에 구멍을 낼 것 같은

교회의 첨탑과는 모양부터 다릅니다. 둥그런 곡선이라서 원만함과 넉넉함을 품고 하늘로 올라가는 여여한 모습이지요.

동, 서, 남, 북 그 어느 회랑이나 기둥에서 깔깔깔깔 웃으며 통째로 달려오는 저 압살라들은 내 가슴으로 들어오는 여름 전체입니다.
바람이 붑니다.
바이욘의 미소가 살며시 다가와 입맞춤

합니다. 생의 모든 감각이 다 살아 있는 완벽한 입맞춤입니다. 숨 쉴 사이도 없이 또 다른 미소가 다가와 입맞춤합니다. 허걱! 허걱! 순식간에 54개의 사면 불탑으로 이루어진 바이욘의 미소들에게 입맞춤을 당하였습니다.

　신과 인간의 마지막 정신 공간인 이곳은 가득 채우려는 나의 우문을 질타하는 고집멸도이기도 하였지만 텅 비어 만족스러운 반야이기도 했습니다. 아바로키데스바라신(관세음보살)이 독립 정부를 세운 대형 링가에 오르면 가르치지 않아도 알게 되는 것이 불교의 매력인 것처럼 관세음보살의 미소는 거기서 종생(終生)하길 기원하는 풍경이었습니다.

다음 날 오후에 일몰을 보기 위해 다시 들렀습니다. 신비하기 그지
없는 '바이욘의 미소'를 만나려고 많은 사진작가들과 화가들이 곳곳
에서 자리 쟁탈전을 벌이고 있습니다. 이 오묘한 미소를 잡아내기 위
해 동트는 새벽부터 해 지는 일몰까지 각도를 이동하며 자리를 쟁취
하는 자리싸움인 것이지요. 높은 담 꼭대기에서부터 금방이라도 무너
져 내릴 것 같은 문틀 귀, 연못 속에까지 그들은 가리지 않습니다.

천의 미소를 가진 석상인 바이욘의 푸른 미소는 그런 소란쯤은 아
랑곳없다는 듯 평온하기 그지없습니다. 나는 시시각각 빛의 각도에
따라 돌면서 변하는 미소를 봅니다.
누구에게도 들키고 싶지 않았던 뒷면의 자화상. 버리고 싶었던 옆면
의 자화상. 내 안에 들어 있는 나의 자화상을 직접 만나는 시간입니
다. 개울가에서 개구리 잡느라 첨벙대던 개구쟁이, 키 쓰고 소금 받으
러 가는 오줌싸개, 걸을 때마다 촐랑촐랑 흘리던 막걸리 주전자, 손
톱에 봉숭아 물들이던 계집아이, 윷놀이하다 지면 말판을 뒤엎던 말
괄량이, 바이욘에 와서는 누구도 자신에게 도달하지 않는 사람이 없
는 듯합니다.

내 안에 수많은 자화상 중에는 바이욘의 푸른 미소뿐 아니라 여인
의 사원이라 불리는 반티아이 스레이 사원의 테바다 여신상의 미소도
있습니다.

'반티아이 스레이'는 '여인의 성채' 혹은 '미의 성채'라는 크메르 말이
며 다른 사원들과는 달리 왕이 건설한 사원이 아니라 바라문 승려
가 건설한 사원입니다.

반티아이 스레이 사원 고고학 조사단에 소설가이자 예술비평가, 모험가, 레지스탕스 지휘관, 비행기 조종사, 프랑스 드골 대통령 시절 문화부 장관까지 한 앙드레 말로가 참가했다지요.

자신이 발굴한 테바다 여신상의 현모한 아름다움에 눈이 멀어 잘 때도 품고 잤다지요. 임기가 끝나 본국으로 귀국할 때 4기를 몰래 밀반출하려다 붙잡혀 도굴 혐의로 구금되기도 했다지요.

훗날 프랑스로 돌아가 직접 겪은 자신의 이 도둑질과 징역 산 경험과 감정을 담은 「왕도로 가는 길」이란 자전소설에서 멋지게 그려 낸 테바다의 아름다운 그 미소 말입니다.

내 안의 또 다른 자화상에는 나무들에게 눌려 일그러진 범상치 않은 타 프롬 사원의 슬픈 미소도 있습니다. 바로 앙코르 왕조 최대 규모의 불교 사원입니다.

한때 이 사원에 3,140개의 마을이 속해 있었고, 사원 관리인만 8만 명 정도였다니 얼마나 컸을지 상상이 되나요? 그랬던 타 프롬 사원은 언제부턴가 주인 자리를 쓰뿌엉 나무뿌리에게 빼앗긴 채 송두리째 무너지고 부서져 내려 몰골이 형편없어졌지요. 거대한 사원에 숨어든 마지막 파르타잔 쓰뿌엉 나무의 곡진한 사랑, 그 여진을 보면서 나는 생각했습니다. 그 장엄하고 아름다웠던 사원을 부숴 버리고 일그러뜨리고 뭉개 버리면서 일말의 후퇴도 없는 혁명군! 세월의 신탁을 받고 괴귀하게 맨몸으로 선 채 제 몸을 불태우고 있는 짝사랑의 분노를 보는 듯했습니다.

아니 어쩌면 쓰뿌엉 나무가 타 프롬 사원 이전의 진짜 주인이었는지도 모른다구요. 방심하는 척하면서 간간이 분노를 숨기는 황량하고 기이해서 긴 말이 필요 없는 저 짝사랑은 얼마나 저돌적이고 치명적인 사랑의 여진을 더 펼쳐 보이려는 것일까요?

　다시, 바이욘을 만나면 얼굴에 묻은 푸른 이끼를 호호 털어 주고 프레쉬한 스킨을 발라 준 다음 멋진 스카프를 둘러 주고 라벤더 향수까지 슉슉 뿌려 주면서 한 달쯤 같이 살고 싶었습니다.
　그의 노을에 안겨 재롱을 떨다가 그의 얼굴에서 내 노래의 춤사위와 웃음 띤 나의 반야를, 푸르죽죽한 슬픔의 화엄 세계를, 내 어린 시간들의 초급 옹알이까지 들려 달라고 조르려고 했으나 그럴 필요가 없어졌습니다.

　바이욘을, 바이욘의 푸른 미소를 마주한 순간 그 미소는 나의 미소였으며 그는 나였고 나의 자화상이었기 때문입니다. 살아오면서 이토록 다양한 나의 자화상을 한곳에서 만난 건 처음이었지요. 이 기적은 내가 본 가장 아름다운 미소였으며, 내가 본 가장 무서운 미소는 나를 등진 바이욘의 미소였으니까요.

라 쏘로! 지지 쏘소! 따시델렉!

−티베트와 사랑에 빠지는 잊지 못할 순간

꿈에 나는 티베트에 있었네
하지만 깨어 보니 여기는 인도 땅
너무나 슬펐다네
여보게, 티베트인들아
제 한몸 돌보고 살아가는 일에만 애쓰지 마세
우리 조국은 중국의 손아귀에 갇혀 있다네
천만도 넘는 중국인들이 티베트 땅에 있다네
수천 명의 티베트인들이 죽어 가고 있지

시간은 혹독하게 지나가네

(…)

인생 최고의 행복은 자유로운 내 나라로 돌아가는 것이라네.

_티벳노래 〈얼마나 슬픈가〉

눈으로 볼 수 있는 성좌는 5천여 개. 그 많은 별 중에 지구에서 가장 가까운 거리에 살고 있다는 그! 그를 만난 건 하늘에서 가장 가까운 곳 티베트에서였다. 자연에 대한 경외감이 사라진 시대라지만 오지에서 만나는 밤하늘은 여행 묘미 중의 정수다. 하늘을 올려다본 기억이 언제일까?

잊혀진 지 오래인 그 유년의 밤하늘이 머리 바로 위에서 쏟아져 내린다. 별빛으로 눈을 제대로 뜰 수가 없다. 미리내 폭포를 맞고 와~와~와~ 함성 지르다 폴짝폴짝 뛰는 것이 고작이었던 내게 누군가 불쑥 천체망원경을 내민다. 이름도 모르는 프라하에서 왔다는 여행객이 싱긋 웃는다.

땡큐를 연발하며 이 여행자와 내가 같은 나라에서 태어났거나 같은 학교를 다닌 것 같은 일종의 기시감을 두른 채 렌즈 속 하늘을 올려다본다. 바라보면 바라볼수록 기분 좋아지다 못해 환각에 빠지는 것이 밤하늘의 별빛이다.

: 조캉 사원 앞

시인 랭보는 모음 I에서 빨강, U에서 초록, O에서 파랑의 여운을 본다고 했지만 나는 '프록시마'의 'F'에서 처음으로 청보라의 환희를 맛보았고 다음에는 청핑크의 애련한 그리움을, 그러고는 동공을 확대시켰다가 다시 축소시키는 청백색의 명징함을 보았다. 프록시마 (Proxima)와 사랑에 빠진 잊지 못할 순간이었다.

먼 곳에 있는 별들과 눈빛 왕래를 할 때면 그는 맵시가 우아했고 성격이 명랑했으며 눈빛은 서늘했다. 아마 말을 서로 나누었다면 그의 온순한 목소리에 반했을지도 모르겠다.
'우주가 시작된 곳은 어디인가?'라는 질문에 천문학자는 '그것은 그것의 내부에서 온다.'고 대답한 것처럼, 시간의 물결이 오고 있는 곳으로 흘러 프록시마도 우리에게 온 것이리라.

이렇듯 그와 나 사이에는 사랑의 물결, 신비의 물결, 경이의 물결이란 시간이 흘러가고 있다. 이 영적 거리는 존재의 심연이거나 존재와 존재 사이를 잇는 거리를 넘어선 것인데 그것이 사랑의 천둥소리와 사랑의 별빛이 닿는 거리이기도 하다. 영적 거리는 존재론적 운명에 새겨진 소멸의 제의를 별에 응고시켜 존재의 휨 현상이나 기도의 아날로그 순간을 형상화하고 있다. 그것은 어쩌면 그 자체로 영원 쪽으로 휘어지기를 열망하는 인간의 항상성인지도 모른다.

창문 틈으로 달빛이 들어와 싱어송라이터 제이슨 므라즈의 노래 〈I am yours〉를 불러 준다. 따라 부르다 잠이 들었다.

눈부신 아침. 음~~ 티베트 냄새!

　나의 온몸에 잡음 없는 우주 에너지만 남기고 그는 가 버렸다. 생기발랄한 이 파장! 다른 세상의 아침이 열린 것이다. 몇 년을 소요한 듯 정신이 맑다. 이 만나기 어려운 순간들은, 삶의 여정 속에서 길을 잃은 채 오도 가도 못할 때 대지의 끝에서 자기 존재의 원 시간을 바라보는 계기를 마련해 준다.

　별에서 지상으로 뛰어내려 한 편의 연극을 잘 마무리하고 다시 자신의 별로 돌아가는 우리들. 우리들은 모두 별이다. 우리들은 모두 별들이 부르는 노래이다. 노래에 따라 매일 만다라 한 폭을 그렸다 지우는 별들. 별은 우리가 되고 싶어하는 모습인 동시에 세상에 드러내고 싶어하는 모습인지도 모른다.

　윤동주의 〈서시〉처럼 현대인들에게 전일성을 회복할 수 있도록 도와주는 별을 노래하는 마음은 원천과 하나 되도록 분리된 상처의 그림자를 밝히며 치유해 준다.

　이제와 생각하니 어떤 여행보다 가장 영감을 많이 받았고, 별의 청색 그림자에 대해서도, 나의 그림자에 대해서도 많이 생각했던 곳이기도 하다.

　티베트는 주술이 종교이고 종교가 예술이며 예술이 기술인 나라다. 그들의 문화재는 박물관에 갇혀 있는 대신 항상 거리에서 사람들을 지지하며 수호한다. 신도 유물도 역사가 아닌 현실이다.

티베트 사람들은 타르초가 휘날리는 성역인 고갯마루에 오르면 향을 피우거나, 까닥(흰색 천)을 매달며 소망과 무사태평과 환생을 빈다. 산마루턱을 넘을 때, 배를 타고 강을 건널 때, 다리나 터널을 지날 때 또는 기원을 간절히 드려야 할 때 불경이 쓰인 오색 종이를 하늘 높이 뿌리며 "라 쏘로! 지지 쏘소!"를 외친다.

이는 "신은 승리하고 마귀는 패한다!"는 의미이다. 이런 의식을 신봉하고 사는 티베탄들의 문화를 보면서 너무 많은 것들이 너무 빨리 사라지는 우리의 현실이 떠올라 안타까웠다. 그들이 보다 높은 곳에 룽다를 만들어 놓고 오색 깃발의 좋은 말씀들이 널리 퍼지기를 바라는 주된 관심과 우리가 동네 고갯마루 서낭당에서 돌멩이 하나를 올려놓고 두 손을 모으고 무언가를 빌었던 것과 별반 다르지 않기 때문이다.

샴발라는 샹그릴라의 다른 말이다.

티베트인들은 샴발라에 태어나기 위해 일생에 꼭 한 번 카알라스(수미산, 우주의 중심을 이루는 거대한 산)를 오른다. 그곳이 너무 멀고 험한 코스라서 다만 조캉 사원을 차선책으로 삼아 순례할 뿐이다.

한때 중국에 의해 돼지우리로 변했던 조캉 사원의 앞뜰은 늘 만원이다. 1,400여 년 전 거칠거칠했던 돌바닥은 순례자들의 기도로 파이고 닦이어 반들반들하다. 옥상에서는 멀리 포탈라 궁이 보이고 주위의 바코르 광장이 훤히 내려다보인다. 사원 본전 주변은 작은 회랑으로 둘러싸여 있고 그 회랑에는 백여 개의 대형 마니차가 설치되어 있다.

순례자들은 이 코라코스를 돌며 마니차를 돌리며 '옴마니 파드메

훔'을 암송한다.

티베트 민족의 서러움을 누가 알겠는가. 가만히 서 있기만 해도 진언을 외는 소리가 콘트라베이스의 저음으로 폐부 깊숙이 울려 온다.

오색 비단 휘장을 들추고 조캉 사원 본전에 들어선다.

근교에 있던 포탈라 궁의 내부에서 맡았던 퀴퀴한 버터기름 냄새가 이곳에서도 어김없이 어두운 실내를 안내한다. 버터 불빛에 눈이 익을 때쯤 문 하나를 열고 들어가니 정면에 보석으로 치장한 부처님의 모습과 눈을 부릅뜬 파드마삼바바가 보인다. 그 앞에 어린 소녀를 안고 온 젊은 내외와 허리 굽은 노모가 보인다. 이 가족과 눈인사를 나누며 비껴 지나간다.

짙은 향 연기로 하루가 시작되고 해 질 녘 순례자의 길어진 그림자는 아쉬움 속에 한 번이라도 더 몸을 던져 오체투지를 한다. 저 아이도 조만간 자라서 불경을 암송하는 성스러운 처녀가 되리라. 마음으로부터 높이 멀어질수록 마음이 환해지는 별처럼 그 모습을 한참 바라보고 있던 나는 홀린 듯 순례자 무리에 섞여 절을 한다. 절을 하고 있는 나도, 저 환한 처녀도, 죽음(별)의 세계에서 돌아오지 않은 사람은 없다.

사람이 태어난다고 하는 것은 죽음(별)의 반대편으로 등장하는 것에 불과하다. 그것은 동전의 양면과 같아서 방 안에서는 '출구'라 부르고, 바깥에서는 '입구'라 부르는 방문과 다르지 않기 때문이다.

티베트 거리는 중국에게 침략당한 슬픔이 심은 나무, 울분이 판 연

125

못들, 면벽수행하며 뽀글뽀글 익어 가는 창(티베트 막걸리), 수형의 하늘을 맴도는 독수리의 레이더망을 통해 생각보다 많은 이야기들을 들려준다.

이네들의 하루는 단순하지도, 얄팍하지도 않다. 그러나 자고 나도 힘이 없다. 티베트 민족 숫자보다 감시하는 중국 한족의 숫자가 더 많은 이 처절한 서러움을 누가 알겠는가. 티베트에 대해 좀 더 알고 싶다면 브레드 피트 주연 영화 〈티벳에서의 7년〉을 권한다.

바람이 차갑다. 고공 위로 각질화된 정신을 깨부수며 날아오르는 저 비둘기처럼 독립된 티베트를 위해 한 번쯤 폴 엘뤼아르의 〈자유여〉를 낭송하자.

내 초등학교 노트 위에
내 초등학교 책상 위에
나무 위에
눈밭의 모래 위에
너의 이름을 쓴다
자유여

_폴 엘뤼아르 〈자유여〉 부분

북구 신화를 만나다

1. 노르웨이

맞다. 서프라이즈는 자연의 몫이다. 기다리다 기다리다 오로라 접견은 끝내 포기하고 에드바르 그리그(1843~1907)의 〈아침〉을 들으며 출발한다.

귀에 친숙한 이 노래들은 '페르귄트 모음곡' 중에 삽입되어 있다. 작가인 입센의 청탁으로 작곡된 이 곡들은 고향에서 페르귄트를 기다리는 솔베이지의 영원한 사랑을 애수를 띤 바이올린으로 연주한다.

저마다 만년설을 이고 있어 빼어나게 아름다운 피오르의 도시 노르웨이!

노벨 평화상 수상식이 열리는 오슬로 시청에서 〈겨울왕국〉의 배경이 된 베르겐까지 햇살에 반짝이는 호숫가를 달린다. 그리그의 노래들이 튀어나오는 마을 온달스네스에서의 1박, 달그닥달그닥 마차

: 브릭스달 빙하, 1995년   : 브릭스달 빙하, 2015년

를 타고 달려간 브릭스달의 푸른 빙하는 수수만년 영겁의 세월을 먹고산 또 다른 빙하다.

빙하는 희다 못해 서슬 퍼런 푸른색, 블루 아이스다. 푸른색은 햇빛의 다양한 색깔 중 파란색을 흡수하지 못해 나타나는 컬러란다.

위 사진을 보라. 지구 온난화가 가속되어 해마다 50m씩 줄어들고 있어 올해에는 아마 아주 조금 남아 있거나 다 녹아내렸을 것이다. 무섭다.

심각한 지구 환경을 생각하며 피오르를 지나, 비겔란트 조각공원을 지나 해적 바이킹 전설을 마주하는 바이킹 보트 박물관, 노르웨이의 자랑인 뭉크(1863~1944) 박물관에 들렀다. 두 번씩이나 도둑질당한 '절규!' 가히 압도적이다.

시엔의 헨리크 요한 입센 (1828~1906) 기념관에 들어갔을 땐 프록코트에 지팡이를 짚고 실크햇에 콧수염을 단 입센이 흰 마스크에 장갑을 낀 손을 내민다. 코로나 인사다. 눈으로 찬란함을 전하고 온몸으로 설렘을 뿌리던 좋은 시절이 사라졌다. 전 세계가 똑같은 병으로 단절되었다. 코로나!

: 비겔란트, 121명의 남녀노소가 엉킨 17m 탑 〈모놀리스〉 부분

2. 핀란드

핀란드하면 무엇이 떠오르십니까? 핀란드 사우나, 자일리톨 껌! 맞고 맞구요.

북유럽 신화는 그리스신화보다 강렬하고, 켈트신화보다 단순하다. 영화 〈반지의 제왕〉, 〈천둥의 신〉 등과 바그너의 오페라인 〈니벨룽의 반지〉의 줄거리나 캐릭터는 북유럽 신화를 빌린 것이다. 북유럽 신화의 가장 큰 특징은 다른 신화와 달리 신들도 인간처럼 죽는다는 것이다.

그렇다면 세계의 신화 중에서 가장 매력적인 여신은 누구일까? 사랑의 여신 아프로디테? 지혜의 여신 아테네? 이집트의 대지모신 이시스? 아니다. 북유럽 신화에 나오는 아스가르드의 신들 중 가장 아름다운 사랑의 여신 프레야다. 특히 매혹적인 것은 황금을 의인화한 여신이기 때문이다.

그녀 남편 오딘(Odin)이 어느 날 여행을 떠났다. 그러고는 영영 돌아오지 않는다. 그러자 기다리다 지쳐 전 세계를 돌며 남편을 찾아 헤맨다. 너무 슬퍼 눈물을 흘리면 이 눈물들이 전부 황금이 되었다.

그런 프레야에게는 세 개의 유명한 보물인 황금 목걸이 브리싱가멘, 고양이가 끄는 마차, 그리고 날개옷이 있다. 그것을 입는 순간 여러 동물로 변신이 가능하여 새처럼 멀리 이동할 수 있게 해 준다.

또한 금요일을 영어로 프라이데이라 부르는 것은 이날이 프레야의 날이기 때문이며, 현재도 북구에선 금요일에 결혼식을 많이 올린다. 또 훌륭한 여인들을 독일에선 '프라우', 북구에선 '프루'라고 부른다.

핀란드로 가기 위해 3천 명의 승객과 함께 초호화 크루즈에 올랐
다. 아름다운 발트해의 일몰을 바라보며 바다 위에서 먹는 무한 공
급되는 와인과 바닷가재와 순록 스테이크는 일품이었다. 고요한 '화
이트피시(송어) 호수' 곁을 미끄러지듯이 지나는 크루즈 속 통나무 사
우나도 매력적이고 카지노에서 일상을 잊고 베팅하는 순간들은 흥
분의 도가니였다. 예약된 바다(seaside) 쪽 선실에서 바라보는 자정의
바다는 백야현상으로 대낮과 같이 밝았다.

검은 커튼을 치고 잠자리에 들었다. 수도 헬싱키에 도착하자마자
핀란디아가 울려 퍼지고 있는 장 시벨리우스(1865~1957) 공원과 그가
예술가들과 즐겨 찾았다는 예쁜 카페가 있는 에스플라나디 공원을
찾았다. 100년도 넘은 카펠리 카페에는 오늘도 손님이 북적거린다.

: 시벨리우스

: 파이프오르간

　시벨리우스 두상은 세계지도를 형상화한 듯한 구름 모양의 조각
들에 둘러싸여 있으며 핀란드 지폐 100마르카의 모델이기도 하다.
하나하나의 표면마다 조각이 되어 있는 은빛 파이프는 세종문화회
관의 파이프오르간을 연상시킨다.

마녀가 빗자루를 타고 하늘만 나는 건 아니다
핀란드에서 태어난 그녀는 바람을 긴 자루에 넣고
세 묶음으로 나누어 단단히 묶고
바람이 새나갈세라 조심조심 빗자루에 매달고 이 나라 저 나라 돌아다니며 판다
바빌론에 도착한 그녀는 티스베와 피라모스에게 이 화살 바람을 팔았고
베로나로 찾아가 줄리엣과 로미오에게도 큐피트의 바람을 팔았다
남원골에 사는 성춘향과 이 도령도 이 맹목의 바람을 샀다
첫 번째 매듭을 풀면 크레타섬을 달려온 훈풍이 파랑파랑 온몸을 핥아대고
둘째 매듭을 풀면 만나지 않고는 잠들지 못하는 시리우스 속풍과 마구 뒤섞였으며
세 번째 매듭을 풀면 서로에게 감겨 죽음까지 달려가는
절정의 토네이도가 몰아닥쳤다.

_윤향기 〈바람을 파는 여자〉 전문

헬싱키 동쪽 근교에 자리잡은 소도시 포르보.

: 토베 마리카 얀손의 〈무민 가족〉

강변에 늘어선 빨강 노랑으로 채색된 옛 목조 건물들과 자작나무 숲과 아름다운 호수, 통나무집 사우나는 서로 기대어 그냥 바라보기만 해도 마음이 분홍분홍해졌다.

거리를 구경하다 핀란드 국가를 작사한 19세기 국민시인 루네베리

: 산타가 살고 있는 집

가 살던 집과 화가, 소설가인 토베 마리카 얀손의 책 「무민트롤스」를 탄생시킨 곳을 방문했다.

자, 이제 더 신나는 곳으로 고고!
북위 66도 33분 북극권 마을로 가 보자.

산타 할아버지가 아직도 살고 있는 로바니에미라는 마을에 가면 아직도 산타가 우리를 반긴다. 산타는 도대체 몇 살일까? 400살도 더 되었다구요? 아무리 보아도 나보다 젊어 보이는데 태어난 지가 너무 오래되어서 그리되었다며 껄껄 웃는다.

재미있는 것은 전 세계에서 산타 할아버지 앞으로 보낸 편지들이 연평균 60여 만 통이나 200여 개국으로부터 도착한다. 일 년 내내 편지들을 모아 놓았다가, 11월 중 크리스마스 오프닝 축제를 시작으로 나라별로 분류한 후 변하지 않는 문구 "꼭 산타 만나러 이곳에 오세요."로 끝낸 답장이 전 세계로 보내진다.

뭐라구요? 소원이 있으시다구요? 산타주소 알려드릴게요.
: 96930 Rovaniemi, FinlandSanta Claus

3. 덴마크

안데르센의 나라 덴마크의 상징인 인어공주와 코펜하겐 티볼리 공원에 앉아 있는 안데르센을 만났다. 우리는 이미 구면이다. ㅋㅋ. 인사는 칼스버그로 하는 거라나.

함께 칼스버그 한잔 쭈욱~ 카아, 시원타!

Here´s looking at you, kid! (당신의 눈에 건배를!)

1. 포르투갈

수수꽃다리를 배웅하는 장미의 달!

법정 스님의 「홀로 사는 즐거움」을 들고 암스테르담에 내렸다. 한 정신이 어떤 간절함을 낳았던 통로에 생의 찬사와 비난의 속도가 엇갈리며 지나간다. 기다림 끝에 서 있는 리스본 해변에서 노란색 트램을 타고 햇살이 굽이치는 언덕길을 천천히 오른다.

　생선 냄새가 삐걱거리며 매달려 있는 비좁은 알투와 골목길을 기웃거리며 걷는다. 포르투갈 특유의 타일장식 분위기가 물씬 풍기는 작은 골목골목들. 주홍 지붕 아래 나풀나풀 손짓하는 빨래가 어서 지나가라고 아슬아슬하게 자리를 비켜 준다.

　오르락내리락 바람의 폐가 손에 닿을 때마다 상형문자 세상을 뒤흔드는 '파두'의 걸쭉한 육두문자 '사우다드'가 "바로, 지금이야 길을 잃어버리는 거야. 정처없이 부다…"라며 아줄레주(포르투갈 전통채색 타일) 미로 속으로 나를 밀어넣는다. 에헤라~ 그래 가즈아~.

　수도 리스본에서 출발한 쿠션 좋은 버스는 흥분을 넘어 감동을

향해 달린다. 앞세웠던 조급
함을 소담스레 피어 있는 수
국에게 내려놓는다. 마카스
마을은 전통주의를 껴안은
악의라고는 전혀 없는 시골
이다. 흰 벽과 붉은 기와의
예쁜 동네를 지나자 둥글둥
글 높지 않은 산이며 간간이 줄지어 선 올리브나무까지 그리스의 어
느 마을을 지나는 듯싶다.

잉그릿드 버그만과 험프리 보가트가 나오는 영화 〈카사불랑카〉 한
편이 다 끝나자 유럽 대륙의 서쪽 땅끝 마을 카보다로카다. 140m의
절벽 위에 16세기의 국민시인 루이스 데카몽스가 "여기 땅이 끝나고
바다가 시작되는구나!"라 칭송한 거대한 시비가 반긴다.

이 탑 위도는 우리와 같은 38°. 빨간 반구의 등대 지붕이 보이고
로카곶이라 불리는 이곳 카보다로카에는 등대의 고달픔과 애환의
바람이 얼마나 센지 하마터면 날아갈 뻔하였다.

산타루 전망대에 도착하니 기타 케이스를 벌려 놓고 구슬프게 '파두'를 연주하는 거리의 악사가 있다. '파두'는 인생이다. 인생 안의 구슬픈 짐승이 절규한다.

'파두'의 대표적인 음악가 파디스타 아말리아 호드리게스가 1999년 79세로 세상을 떠나자 포르투갈 총리가 '포르투갈 목소리'의 죽음을 애도해 사흘간의 국장을 선언했다고 한다. 그 명성과 사랑이 담긴 짙은 한과 진득한 설움이 켜켜이 엉켜 있는 노래를 듣다 보니 카르멘의 전설 숨 쉬는 세비아다.

마리아 루이사 공원 앞에 있는 하얀 법대 건물은 카르멘이 다니던 담배 공장이었다. 마젤란, 콜럼버스가 세계 일주를 시작한 곳이기도 한 이곳의 가로수는 모두 오렌지나무다.

가파른 경사를 오르다 보면 대학이 있고 계단을 오르는 담장마다 사회비판적인 재치 있는 그라피티가 유머스럽다. 가끔 조앤 K. 롤링이 해리포터의 모티브로 삼았던 검은 망토를 두른 포르투갈 대학생들을 본다. 교복이란다. 아직도….

2. 스페인
스페인 플라멩코 공연장이다.

폭발할 듯한 눈빛과 다부진 몸매의 남자 댄서의 춤은 가히 열락이다. 휙 돌 때마다 긴 머리 올 올에서 튕기는 땀방울 세례 공연이 끝나고 사진을 찍고 밖에서 잠시 열기를 식히고 있었다. 인기척에 놀라 뒤돌아보았다.

잠시 걸으실까요? 언제 나왔는지 근육질의 그 댄서였다. 춤추기 전

에는 그림을 그렸어요. 당신의 모습을 꼭 그리고 싶습니다. 전 시간이 없는데요. 저의 집이 이 근처이니 1시간만 모델로 서 주시면 고맙겠습니다.

그렇게 말하는 그의 말을 거역할 수 없었다. 그 댄서의 눈빛은 아까 본 눈빛과는 전혀 달랐다. 새벽 멜론 냄새가 난다고 해야 할까? 어느새 난 옷을 벗고 있었다. 수술이 출렁이는 탱고 숄을 직접 걸쳐 주었다. 근데 이상했다. 그가 원한 건 나의 앞모습이 아니라 뒷모습이었으니…

북적이는 거리에서 버스킹 음악에 빠져 퍼포먼스 행위예술가들과 눈을 맞추는 여정은 생기로 넘쳐났다. 잠시 들른 기념품 가게에서 어젯밤 꿈에 둘렀던 검정 탱고 숄을 보고 깜짝 놀랐다. 계시처럼 지갑을 열었다. 빙빙 둘러보다 페이퍼 나이프 하나를 더 사고 가게를 나왔다.

예쁜 카페가 발길을 붙잡는다. 커피 한잔을 마시고 나오는데 들어갈 때 없던 좌판이 문 앞바닥에 펼쳐졌다. 궁금한 참새가 방앗간을 스캔하는데, 세상에나! 거기 나의 누드 그림이 세워져 있는 게 아닌가?

놀랍다. 볼을 꼬집어 정신 차리고 보니 주인장은 바로 어젯밤 내 알몸을 그려 준 그 화가다. 어떻게 이런 일이? 나는 생각할 필요도 없이 호모나렌스인 나를 사고 말았다. 집에 돌아와 난 그 남자와 살 야트막한 시골집을 그리기 시작했다.

그라나다의 알람브라 궁전이다.

그 아름다움과 역사적 가치를 재발굴한 워싱턴 어빙의 책 「알람브라 이야기」가 감미롭게 혀 위에서 구르고, 스페인 태생인 F. 타레가가 신혼여행 중에 궁전 내에 흐르는 물소리를 듣고 기타로 작곡한 〈알람브라 궁전의 추억〉은 여행자의 몸과 맘을 쓰담쓰담 다독여 준다.

정원에 있는 하늘과 별과 사랑을 담았던 인공호수가 바로 저 유명한 인도의 타지마할의 모체라는 것을 이곳에 와 보고야 알게 되었다.

늦은 저녁.

플라멩코를 관람하기 위해 그라나다의 영혼 타블라오(판자를 깔다)에 도착했다. 화려한 층층 레이스드레스를 입은 가므스름한 이국적 무희가 파코 데 루치아(손가락이 보이지 않는 세계의 기타리스트)의 신명나는 연주에 맞춰 카메론(가수)의 굵은 육성으로 가슴을 찢는 칸테(노래)를 타고 격정적으로 춤을 춘다. 무희가 나선형 원을 그리며 바닥을 차는 춤을 보고 있었다.

무당이 같은 춤, 같은 동작을 한 번도 하지 않는 것과 같이 그날의 영감에 따라 영혼의 춤을 추는 그들. 그 격정에 충실한 즉흥성은 숨 막히는 클라이맥스다.

'올레~ 올레~'로 추임새를 넣어 주고, 춤 동작이 딱 끊어진 순간에 박수를 쳐 주니 더욱 신들린 듯 돌아갔다. 그 격정의 포효는 무어라 표현해야 될지 본능이 가는 대로 내게 허락된 이 순간의 전부를 온몸으로 느끼고 싶었다.

갈수록 빙빙 속도를 내는 큰 저녁. 들끓는 마음의 동요에 내 몸이 균형을 잃는 증상이 또 시작되었다. 일식이 몰려올 때처럼 이상한 주술에 사로잡혔다. 생의 허허벌판을 두드리는 것이 나인지, 댄서인지 ~~~.

혼곤한 감흥이 남은 아침을 깨워 5시간을 달려 기다리고 기다리던 마드리드다. 세계 3대 미술관(루브르, 에르미타주, 프라도) 중의 하나인 프라도다. 관람객을 환영하는 고야의 문으로 입장했다.

자신의 내면을 끊임없이 직시한 화가 고야의 초기 작품의 밝고 서민적인 정서가 가득한 화면들이 곳곳에서 웃음 짓는다. 친근하다. 가장 순수한 스페인의 혼을 표현했다고 추앙받는 엘 그레코의 작품 〈오르가스 백작의 매장〉과 궁정화가 벨라스케스의 걸작 〈시녀들〉, 고야의 〈카를로스 4세 일가〉에는 화가 자신들의 얼굴이 사인 대신 들어 있기도 했다.

떨어지지 않는 발길을 돌려 근대 나부의 선구인 세기의 명작 〈나체의 마하〉와 〈옷을 입은 마하〉 앞에 섰을 때, 왕 앞에서 유일하게 모자를 벗지 않는 집안의 알바 백작 부인인 마카와 고야가 짙은 포옹을 한 채 스스럼없이 키스를 나누는 것이었다.

천천히 옷을 벗고 침대에 비스듬히 눕는 마카. 한동안 목덜미를 깨무는 시늉도 하고 발가락으로 허리를 애무하듯 장난도 쳤으리라. 아! 저렇게 분홍일 수가. 한 여자의 감탄 속에 풍요로운 여인이 나를 지긋이 바라다본다. 아무런 부끄러움 없이. 흥분을 넘어 감동으로 요동치는 순간이다.

백작 부인 마카를 너무 사랑한 나머지 고야는 몰래 그녀의 누드 그림을 그려 놓고 감상하는데 고야 집에 놀러 왔던 친구들에 의해 소문이 멀리 퍼지게 되었다.
이것을 알게 된 알바 백작은 분노를 참지 못하고 방문하겠다는 전갈을 보내오자 너무나 놀란 고야는 빨리 얼굴을 지우고 자기 집 하녀인 소야 얼굴로 바꾸어 버렸다.

외모, 지식, 배경 그 무엇 하나 빠지지 않는 마카는 간이 배 밖으로 나오게 되자 이젠 왕비의 애인을 가로채는 맹수로 돌변하여 열렬히 사랑하던 고야를 인정사정없이 발로 뻥 차 버렸다는 사실.
고야에게 물어봐야 할 텐데, 그 배신 어찌 참아 냈냐고. 〈나체의 마하〉 앞에 한 여자가 모자를 쓴 느낌표처럼 오래도록 서 있었다.

활기 넘치는 도시 바로셀로나!

카탈루냐 특유의 정서와 미감이 돋보이는 이곳 출신 화가인 미로와 피카소가 걸어 다닌 람블라스 거리를 지나 세계문화유산으로 선정된 천재의 유쾌한 곡선으로 들어갔다. 안토니 가우디(1852~1926)는 건물의 각을 당연시하던 사람들에게 자유로운 곡선을 강조하여 '각'의 시대 관념을 여지없이 깨친 미치광이다.

그의 최대 걸작 성가족 교회, 구웰 공원을 돌다 보면 바람, 돌, 꽃, 나무의 노래 상징들로 물결치듯 이어지는데 각각의 면은 보는 사람에게 하나의 이야기를 완벽하게 전달하는 게 특징이다.

그곳에는 배고픈 슬픔, 키 작은 슬픔, 뚱뚱한 슬픔, 그 아무것도 없다. 편협한 사각 미학에 갇혀 있던 당시의 사람들에게 누구도 상상 못했던 신기한 이 비현실적인 건축물들이 조소의 대상이 된 건 당연한 결과였다.

3. 모로코의 페즈

묵중한 눈꺼풀 사이로 소리와 냄새가 먼저 들어왔다

어린 나는 마을 어귀 나무 평상에 앉아 일하러 가는 사람들의 소리를 듣는다 조석으로 내 앞을 지나 들로 나가는 여러 종류의 마을 가축들을 만난다 각기 다른 발굽 소리와 특유의 냄새가 목에 달린 종소리와 나 사이에 보초를 서곤 했다

페스의 골목. 나귀가 경쾌한 걸음으로 내 앞을 지나간다 비킬 사이도 없이 오줌을 확 갈긴다. 그때 목에 달린 종소리가 도덕 같은 안전장치는 될 수 없었다.

아무 일도 없었던 표정으로 그놈이 날렵하게 다시 걸어갈 때 크고 묵직한 소리를 내는데 흙길에서조차 원초적인 것, 영원해 보이는 것을 향해 기꺼이 다가가는 나의 발자국 소리와 다르지 않았다.

_윤향기 〈종소리와 나 사이에 보초를 서는 나귀〉 전문

스페인 알제시라스 항구에서 페리로 지브롤타 해협을 건너 모로코에 상륙했다. 해바라기 평원과 드넓은 올리브나무 숲을 지나 페스의 8세

기 고대도시인 메디나에 입성했다. 수백 년간 색색의 천연향료로 가죽을 염색하는 반구형의 염색통을 바라보니 무지개가 하늘에서 내려와 잠시 낮잠을 자는 것 같았다.

　그 낮잠을 경청하는 동안 나는 그 지독한 가죽 냄새에 눈은 놀란 토끼 눈이 되고 썩은 냄새로 꽉 막힌 코는 그들이 건네준 민트향 허브나무 잎사귀 사이로 킁킁거렸다. 수작업으로 진행되는 가죽 공정은 한 편의 다큐 같았다.

　페즈!
　이 도시의 아이콘은 100킬로미터가 넘는 골목길이다.

　인드라 망처럼 얽힌 메디나의 창자는 천 개가 넘어 길을 잃기 십상이다. 미로를 헤매다 보면 짐을 진 어린 나귀, 머리에 빵을 인 아이, 대

: 하산 모스크

추야자 장수, 안내를 자청하는 계속 쫓아오는 어린 거지, 코란을 펴
들고 고래고래 마호메트를 외치는 사람들로 아우성이다.

　좁고 좁은 골목시장은 손님을 부르는 호객 소리와 부산한 교통
수단인 작은 나귀들의 발소리이다. 노새몰이꾼의 '안닥, 발렉(조심하세
요, 비키세요)! ' 오오호 고함 소리를 빨리 알아듣지 못하면 그냥 그대로
교통사고가 나고 마는데, 노새와 부딪치는 것은 약과요 순간적으로
그들의 똥과 오줌 세례를 직격탄으로 받게 된다.

　좁은 골목으로 노새들이 가죽을 잔뜩 지고 지나갈 때면 벽에 착
달라붙어야 메디나 택시(노새)에 치지 않는다. 이런 거미줄 미로를 걸으
려면 중세 이슬람 마을의 주민이 되지 않으면 안 된다.

현재 48도. 그래도 그늘은 시원하다. 환청 같은 코란의 기도 소리에 잠이 깼다. 창틈으로 스며든 햇살이 저 멀리 하산 2세 모스크의 기하학적 문양 사이에 내려앉았다.

무두장의 역겨운 냄새가 비현실적으로 스멀스멀 올라오는 듯했다. 무시로 변하는 사하라의 모래 빛깔과 스머프들이 지금도 살고 있을 것 같은 쉐프샤오엔의 치명적인 블루, 그 마을은 파랑파랑 푸른색 일색이라 건물과 골목이 파랗다 못해 웅숭깊다.

다음 날 아침 스페인으로 돌아가기 위해 버스가 출발하려던 참인데 밖이 웅성웅성하더니 기사가 플래시를 갖고 뛰어나갔다. 그러고는 실랑이가 벌어지는 소리가 나서 창밖을 내다보니 버스 밑에서 모로코 청년 5명이 끌려 나오고 있었다.

사연인 즉슨, 임금이 훨씬 높은 스페인으로 밀입국하려고 버스 밑에 기어들어가 목숨을 걸고 거미처럼 매달려 있다 발각된 현장이었다. 하도 이런 일이 비일비재해서 아예 기사들은 플래시를 하나 장만하여 갖고 다니며 정차했다 출발할 때마다 껌딱지처럼 떼어 낸다는 것이다. 선진국으로 몸 팔러 나가야만 했던 옛적 언니들 생각에 가슴이 싸아했다.

'하얀 집'이란 뜻의 카사블랑카 해변에 여장을 풀었다.

카사블랑카의 푸른 바다와 하얀 집의 새벽은 모스크에서 울려 퍼지는 코란의 독경 소리로 깨어난다.

영화 〈카사블랑카〉는 스튜디오에서 촬영했기 때문에 이곳에는 상징성인 '릭의 카페'만 있는 것이다. 폭이 긴 카페였는데 하이야트호텔 1층에 있었다. 영화 포스터 단 2장과 주인공들의 흑백사진들과 그들이 입었던 버버리와 스카프, 그뿐이었다. 시시하다고 정말 시시하다고 시원한 칵테일 잔 위에 각자의 인생을 풀어놓고 웃고 떠들며 일탈을 행복해했다.

북아프리카의 신비하고 낯선 나라 모로코!
사진을 뒤적거리고 있으니 따뜻했던 기억이 생생하다.
그라시아스~

그리스 · 이집트 · 튀르키예

1. 그리스에서 조르바와 춤을

아몬드 꽃이 만개한 2월
지중해는 현실보다 푸르고 깊었다

하늘에선 별들이 짝을 짓고
석양으로 가는 크루즈 선상에는
야니의 '음반 속의 봄' 공연이 한창이다
나는 샌들을 벗고 무대로 올라가
온몸을 쓰다듬듯 비비는 흰개미처럼
젊은 무동과 흰 종아리를 부볐다
목덜미로 흐르는 따뜻한 땀방울
혀를 내밀어 그 영혼을 느꼈다
마술에 걸린 듯 차갑고 달콤한 동질감이
액체로 된 야생의 기억에
간통의 희열을 붓자
코브라의 마차는 호박으로 변하였다

구두 없인 신의 동굴 그 끝까지 갈 수 없었다
하룻밤을 지샌 성자의 마을
다시
거기 가서 마음씨 좋은 신을 만나
세월 흘러 아이 생기면 그 아이와
더불어 물고기를 낚으리라.

_윤향기 〈수니온의 하룻밤〉 전문

경이다. 산토리니로 가는 크루즈 무대 위에서 젊은 무동들의 댄스가 황홀하다. 공연이 끝나고 관객들과 함께 춤을 추는 시간. 난 한 치의 망설임도 없이 제일 먼저 뛰어나가 그 젊은 조르바와 손을 잡았다. 쿵작작 쿵작작, 우와와~ 이 무슨 횡재!

새들이 그리스를 향해 날기 시작하면 그들은 이미 그리스에 산다지요? 이미 그들은 내면에 그리스를 갖고 있으며 그렇게 자신의 내면을 향해서 날아가기 때문이라지요?

나는 무엇도 바라지 않는다.
나는 무엇도 두려워하지 않는다.
나는 자유다.

니코스 카잔차키스(1883~1957)의 무덤 묘비에 적힌 친필이다. 크레타 섬의 위대한 별, 당당히 자기 삶의 정상에 선 니코스 카잔차키스를 만난다. 붓다와 호르메스, 니체의 하늘에서 놀던 사람, 예수를 비판하여 파문당한 조르바!

책 「희랍인 조르바」에 등장하던 갈대가 무성한 길을 따라가면 그의 묘가 있다. 그 어느 사막을 헤매인다. 재촉하지 않는 중절모와 코트 자락을 펄럭이며 모래바람의 넓적다리를 걷어차며 춤을 춘다. 저무는 길의 숨소리들이 모여들어 고라니 발굽처럼 춤을 춘다.
모든 길은 자유에 이른다고….

그는 "천당의 일곱 품계도 이 땅의 일곱 품계도 하느님을 품기에

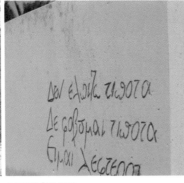

: 폼페이 벽화 속 사포, 6세기   : 조르바 친필 묘비

넉넉하지 않다. 그러나 사람의 가슴은 하느님을 품기에 넉넉하지. 그러니 애야, 조심하거라. 내 너를 축복해서 말하거니와 사람의 가슴에 상처를 내면 못쓰느니라!" 시간을 지나가게 하는 그를 듣는다.

> 저녁의 별빛은
> 눈부신 아침 빛이
> 사방에 흩어 놓은 것들을
> 제자리에 불러들인다
> 양들을 불러들이고
> 염소를 불러들이고
> 귀여운 아기도 또한
> 엄마 품에 불러들인다.

_사포 〈저녁 별빛〉 전문

2. 튀르키예

N!

그동안 편안하셨나요?

가녀린 가슴속에 불안이 슬며시 찾아들면 나는 책장 속에 기대 있던 나짐 히크메트, 당신을 꺼내 읽습니다. 무엇을 써야 할지 더 이상 알 수 없을 때 어느 길로 가야 할지 알 수 없어 안절부절 불안할 때 나는 당신을 만나러 튀르키예로 날아갑니다.

날씨가 좋았던 그해 2월 기구에서 내려 이스탄불 하기아소피아 성당 건너편에 있는 지하 물저장소로 내려갔습니다. 336개의 그리스 신전 기둥을 뽑아다 물저장소인 예바라탄사라의 기둥을 세웠지요.

그곳에서 그 무시무시하다던 메두사의 머리를 보았지요. 거꾸로 물속에 박힌 걸 두 개나 보았지요. 두 눈을 부릅뜨고 물의 소리를 듣고 있던 메두사 촛불을 켜 놓고 그날을 기억합니다.

N!

내가 처음으로 당신을 만난 것도 그 예바라탄사라에서였지요?

처음이었는데도 당신의 생동감 있는 눈빛은 나를 유혹하기에 충분했지요. 연두빛 사방연속무늬 식탁보가 인상적이었던 예바라탄사라 안에 있는 카페 원탁에 마주 앉아 모래커피를 마셨죠. 그러다가 나짐

: 메두사

: 메두사 촛불

: 모래커피

: 고대 세마춤

히크메트! 당신이 신과 인터뷰하는 광경까지 목격하게 되었으니 그 어떤 여행 선물보다 값진 날이었어요.

가장 훌륭한 시는 아직 쓰여지지 않았다
가장 아름다운 노래는 아직 불려지지 않았다
최고의 날들은 아직 살지 않은 날들

시간은 뒤로 흐를 줄 모른다. 타임머신은 없다. 이미 행한 것들은 되돌릴 수 없다. 변화가 가능한 것은 현재 내가 하는 행위뿐. 가문에 의해 바라문이 되는 것이 아니라 자신의 행위에 의해 바라문이 되기도 하고 천민이 되기도 하는 것처럼.

장거리 버스를 타고 파묵칼레로 떠난다.
가이드가 처음에 노란색 액체가 들어 있는 병을 들고 일일이 승객들에게 "콜로냐?"라고 물어본다. 콜로냐는 알코올+레몬이 든 일종의 소독약으로 음식을 주기 전에 항상 승객들에게 뿌려 주는데, 싫으면 NO다. YES한 덕에 손바닥에 슉슉~ 충분히 뿌려 준다. 생각보다 끈적거리지 않고 마른 후에 레몬향이 진하게 나서 기분이 상큼해졌다.
오오~예~

내 인생의 가장 아름다운 시절은 오지 않은 거야. 누구를 탓하며 머뭇거릴 시간이 없어. 오늘이 가장 젊은 날인걸. 살아왔던 날들보다 더 멋지고 벅찬 삶이 눈앞에 있다. Let is go! 떠나자. 낯선 나를 찾아서. 거침없이, 무모한 여행이라도 좋다.

돌아오는 길에 좌판에서 눈이 시리도록 파란 블루아이를 하나 샀다. 행운을 갖다 준다는 부적! 그래서 블루아이 이름을 '캣츠'라 붙이기로 한다. 그리고 이렇게 한마디해 주는 거다.

"캣츠, 너의 영원을 사랑해."

3. 이집트

모래사막의 어린 당나귀 사진을 찍는다. 모래 한 알에 신이 있고 더운 바람에도 신의 음성이 있다. 앞이마에는 빨강, 파랑, 분홍, 흰색의 방울들이 오대양 육대주처럼 앞서거니 뒤서거니 매달려 있다. 아마도 나에게 눈 한번 주는 것이 쓰다듬어 달라는 신호인 모양이다.

보고 있으면 눈이 혀가 되는 듯하다. 당나귀는 내게 스윽 볼을 문대고 혀로 자분자분 핥아대며 히힝거린다. 내 냄새가 제 어미를 닮은 건지… 한참을 쓰다듬다가 들여다본 당나귀의 눈에서 별똥별이 보이기 시작한다.

지상의 시간을 전시하고 있는 이집트 박물관에서 나와 클레오파트라의 눈물인 나일강 선셋 크루즈를 탔다. 나일의 일몰을 먹으며 농염한 벨리댄스와 이집트 춤인 탄누라쇼 속으로 빠져든다. 무희들의 농염한 표정에서 절정 몇 굽이를 뽑아 허리에 두르자 그만 몽롱, 그만 뽕뽕….

: 어린 당나귀

159

: 네프리탈리 페이퍼 나이프

　모든 것을 지켜보는 스핑크스가 달이 떠오르듯 솟아오른다. 새벽 추위를 예약하자 당신 체온이 스몄던가? 그날 밤 향기를 베어 문 이집트가 건넨 말을 아직도 기억한다.

벌레의 노숙

-인도에서 만난 스승들

파란 하늘에 우아하게 서 있는 우윳빛 타지마할!

인도 수도 뉴델리 아그라에 위치한 타지마할은 세계 7대 불가사의 중 하나다. 무굴제국의 5대왕인 샤자한은 부인인 뭄 타지마할의 이름을 따 이 건물을 타지마할이라 명명했다. 그리고 대문에는 "영원한 천국이 여기이니 여기서 오래도록 편히 사시오."라고 썼다. 한 바퀴 돌아 나오며 내 입에서 터져 나오는 방언이 있었으니 "에고 에고 부러운 지고!"

만월 밤의 초대였다
사륵사륵 비단 끌리는 소리
성문 빗장을 풀어 준 건 그녀였다
냉혹하리만큼 절묘한 백옥의 미소
제빛을 잃어도 상실이 없는 영원한 미소
호수에 비친 보석보다 신비한 미소
보석이란 칭호가 너무 잘 어울리는
뭄 타지마할을 보름달 밤에 포옹하게 될 줄이야.

_윤향기 〈타지마할〉 전문

시성 타고르를 만나기 위해 그의 고향 산티니 케탄 가는 날!
뉴델리 숙소에서 비행기로 3시간 만에 캘커타에 도착, 다시 기차역 하우리역이다. 나는 한 손에 기차표를 들고 한 손으로는 하우리역의 대기를 두드리면서 기차 문 앞에 붙여 놓은 종이에 내 이름이 있는지 확인한 다음 좌석을 찾아 들어갔다. 예약 티켓을 받았어도 기차 몸통에 자기 이름이 빠져 있으면 탈 수가 없다.

휴우~ 배낭을 안고 정신을 차려 달리는 바깥 풍경을 보니 어제 읽은 '부지런한 과로', '피로사회'라는 표현이 불쑥 고개를 내민다. 어디까지를 피로라 하고, 부지런함이라 하고 어디부터를 과로의 시작으로 볼까 라는 생각에 몰두해 있는데, 옆 좌석에 누군가가 와서 살짝 걸터앉는다.

유심한 시선이 내 얼굴을 만진다. 무심히 그쪽으로 고개를 돌린다. 아까 하우리역에서 본 그 천사다. 바짝 보니 멀리 서 있을 때보다 더욱 예쁘다. 까만 피부에 하얀 분칠을 한 후 그 위에 색색의 꽃으로 수놓은 정원. 지저분한 맨발에 낡은 옷을 입고 있지만 달무리 미소는 전혀 수선할 것이 없어 보였다. 저 정원은 오래 걸어도 싫증이 나지 않을 것 같다.

기차로 2시간을 달려가는 동안 순번제로 악사가 나타나 민속악기를 연주하며 노래를 부른다. "바람처럼 노래하며 떠돌다가 바람이 되고 싶어~"

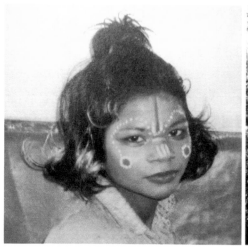

: 타고르 입상

163

드디어 산티니 케탄.

어디선가 고향 같은 짚 타는 냄새가 풍겨 오고 꼬끼오~~~ 닭들이 운다. 어느 집이나 아름다운 꽃밭이 있고 어디를 가든 타고르가 흰 수염을 바람에 날리며 자전거를 타고 유유히 지나가고 나도 어느 생애 한 번쯤 살았던 것 같은 고즈넉한 마을이다.

붉은 건물의 라빈드라 바라티대학이 보인다. 언제부터 그곳에 서 있었을까? 머리칼이 성성한 그는 뒷짐을 지고 긴 수염을 날리면서 "왜 이렇게 늦은 거야, 얼마나 기다렸다고, 여기 오는 게 그리 힘들었어? 진작 말했으면 내 마중 나갈 것을…"

2월인데도 장한 햇살은 땀을 선물한다.

아우랑가비드 북동 110Km지점에 위치한 아잔타. 차는 황량한 갈색 대지 데칸고원을 달린다. 굽이쳐 흐르는 와고라강 위로 불쑥 솟아오른 절벽 측면에 있는 말발굽형의 아잔타 유적지다.

수직의 암벽은 마치 벌집처럼 뚫려 있다. 인도 문화 황금기인 2세기에 머물러 있는 29개의 석굴군은 승려가 수도하는 독방 '비하라'와

: 의자에 앉은 부처님   : 가네샤

불탑인 '스투파' 불교공통체인 기도 홀 '차이티야 그리하스'로 나뉘어져 있다. 나는 천천히 붉은 해를 등지고 석굴로 들어간다.

비하라인 제1굴의 '연꽃을 든 보살' 벽화는 고려 불화에서 늘 보아왔던 인체묘사기법이라 친근감이 촉발된다. 역시 오래된 벽화는 오래된 눈빛으로 사람을 위로한다. 거대한 천장화와 거위 23마리가 현대감각으로 그려진 제2굴의 프레스코 불전(佛傳) 회화양식은 중앙아시아, 돈황 막고굴, 대동의 운강석굴, 낙양의 용문석굴을 거쳐 한국으로 전해졌을 뿐만 아니라 석굴암의 부처님과 가장 흡사한 형상을 지녔다.

흰 코끼리와 검은 코끼리가 입구 양쪽에서 반갑게 맞이하는 16굴이다. 어디서 왔는지 배부른 한 여인이 석굴로 급히 들어갔다.
잠시 후 아이들이 쪼르륵 떼거지로 몰려나온다. 코끼리 두 마리가 지키고 있는 이 석굴로 들어가면 누구든지 줄줄이 순산을 하는가 보다.

제17굴은 부처님의 전생담이 사실적으로 표현되어 있다.

조각가들의 보석상자라 불리는 제19굴은 말발굽 모양의 창문부터 아름답다. 중세 고딕성당 같은 천정이 아치형인 불당에서는 부처님이 서서 찬불가를 부르시는 데 한 곡이 끝날 때마다 둥근 천장의 스테인드글라스가 반짝이며 박수 소리가 쏟아져 내린다.

와불이 있는 제26굴에는 노래를 계속 부르시느라 피곤하셨던지

: 귀걸이한 벽화 : 코기리 옆 아이들

: 악기 든 사람들과 함께

사자와 코끼리가 떠받친 화려한 왕좌에 입식으로 앉아 계신 부처님의 종아리와 상면하는 공간이다. 우리나라에서는 본 적 없는 입식 자세인지라 마냥 신기하기만 하다.

다시 뒤뚱뒤뚱 비포장도로를 얼마를 달렸을까 바위 언덕이 물결처럼 보이는 곳에 신에게 바친 카일라사 사원이 불쑥 솟아오른다. 불교 사원 12개, 힌두사원 17개, 자이나 5개로 살아 있는 종교의 신기(神技) 경연장이다. 아잔타가 깊숙한 오메가형 어머니의 자궁을 닮아 오밀조밀 아름답다면, 엘로라는 하늘을 뚫을 듯이 거대하게 뻗쳐 있는 남성 성기를 닮아 다이나믹하지만 한편으론 머쓱머쓱한 느낌을 준다.

굴, 굴마다 서서, 혹은 앉아서, 때론 누워서 중생의 아픔을 들어주시느라 왼쪽으로 고개를 갸웃하고 계신 부처님. 온 존재를 기울여 바위산을 끌로 망치로 자신을 부수듯 조각해 나간 수많은 수행자들의 체온이 그대로 전해져 온다.

충일한 생명력과 신성함이 그대로 묻어나는 원형 돋을새김에서 인간의 살 냄새를 맡아서일까. 그 압도하는 친근한 실체들의 현학적 강의 속에서 마르틴 부버는 "〈너〉를 통해 비로소 〈나〉가 의미를 갖는다."며, 부처님의 '一中一切多中一'을 은근슬쩍 오마주한다.

아잔타, 엘로라, 카주라호는 삶의 기원과 절규가 지나간 돌의 시간이다. 육체로부터 영혼을 해방시킨 피안의 세계가 놀랍고 충격적이다. 말하지 않아도, 미소 짓지 않아도, 침묵을 통해 세상의 모든 평화가 모여 장엄함과 절대성을 노래한다.

시타림에서의 6년 고행, 쇠약해질 대로 쇠약한 몸을 끌고 우르벨라 마을에 들러 장님 처녀 수자타가 공양하는 유미죽 한 그릇으로 32상을 회복하셨다. 잠시 후 붓다는 서쪽으로 흐르는 나란자나강에 들어가 묵은 때를 씻었다. 몸을 일으켜 나오려 하였으나 너무 어지러워 도저히 일어서지 못하였다. 그것을 본 강기슭에 있던 강의 신이 나뭇가지 하나를 살포시 아주 낮게 드리워 주었다. 붓다는 그 나뭇가지를 휘어잡고 가까스로 뭍으로 나올 수가 있었다.

35세의 인도 청년 붓다는 그 순간의 그 황량한 고존의 고독을 시체를 쌌던 분소의를 주워 감쌌다. 왕궁에 살았던 정주의 시대를 과감히 버리고 기존 질서에 맞서서 평생 한곳에 머물지 않던 젊고, 세련된, 희대의 반항아, 유쾌한 혁명가가 되었다.

"나를 만나고 싶어 하는 모든 이들이여! 나에게 관심이 있다면 나를 만날 것이 아니라 나의 깨우친 생각을 만나거라."

: 수자타의 우유죽을 공양받는 붓다

새벽 별빛이 찬란하게 다가오던 저 보드가야의 보리수 아래서 더없는 최상의 바른 앎을 얻고 깨달은 자. 1. 정말로 아는 사람, 2. 여래, 3. 응공, 4. 정변지, 5. 명행족, 6. 선서, 7. 세간해, 8. 무상사, 9. 조어장부, 10. 천인사로 불리는 불세존이 되신 인간, 싯달타!

자, 아침 공부합시다

오늘은 「수타니파타」
첫 번째 장 뱀의 비유를 읽겠습니다

"몸에 퍼지는 독을 약으로 다스리듯
화가 일어나는 것을 다스리는 사람은
이 세상과 저 세상을 다 버린다
마치 뱀이 묵은 허물을 벗어 버리듯…"

오늘은 무소의 뿔 편을 읽겠습니다

"소리에 놀라지 않는 사자처럼
그물에 걸리지 않는 바람처럼
진흙탕에 더럽히지 않는 연꽃처럼
저 무소의 뿔처럼 혼자서 가라."

매일 한 고랑씩 복밭을 일구는 목소리 들려온다
He, 그의 마음도 내게 걸어온다.

_윤향기 〈이사 가고 싶은 얼굴, He!〉 부분

49일 동안 거짓말처럼 많은 일들이 일어났다.
하루 8시간씩 비포장도로를 달려 여름 안개 속에서 태어난 아이들을 만나고, 쨍쨍 내리쬐는 태양 아래서 평생 남의 빨래를 치대는 사람들을 만났다. 미투나 상들로 조각된 카주라호에서는 세상의 모든 섹스 체위에 홀릭당했다. 한가한 날은 거리의 요니와 링가를 찾아 참배도 하고, 하루 온종일 거리 음식과 짜이로 배를 채우기도 했다.

누군가의 눈길이 머물렀을 동네 주변을 한가롭게 어슬렁거리다 소를 만나 이야기하는 일이 그렇게 좋았을까. 그러나 들판에 버려진 소의 죽음은 기록되지 못한 세월 상처 눈물 같아서 홀로 누린 대자유의 결승점치곤 많은 생각을 하게 했다.

죽음 의식과 정화 의식을 동시에 생중계하는 바라나시에서처럼….

그러나 집에서 한 발자국만 나가도 쉴 새 없이 울려 대는 클랙슨 소리, 철판에 국수 볶는 소리, 송아지 찾는 어미소 목소리, 야경꾼의 딱딱이 소리, 먼지와 코브라의 춤, 열대의 지릿한 생선 냄새에 뜨겁고

인도를 걸었던 낡은구두. 향기.

아리고 짠한 마살라 냄새, 아침저녁으로 울려 대는 힌두교 사원의
종소리까지….

　이제와 생각해 보면 여기 오는 일은 예전부터 정해진 일이어서 내가
감사할 것들은 명상가나 요가 수행자가 아니었다.

　머물며 만나고 헤어진 어진 눈빛의 소, 당나귀, 염소, 돼지, 개, 고양
이, 닭, 그리고 신의 눈빛을 가진 거리의 어린 천사들. 급한 것 없다고
천천히 가도 된다고 말해 주는 저 수많은 소리와 눈빛과 냄새들.

　으흐으~~ 그들이야말로 진정 내 영혼의 스승이었음을 고백한다.

　벌레의 노숙지!

　그래도 인도는 여전히 잘 있겠지요?

　수크리아(감사합니다)!

그를 볼 때마다 나는 하나도 남지 않는다

-프랑스

: 모네의 집

6월, 장미가 만발이다.

파리 북쪽에 있는 작은 마을 지베르니! 빛과 색채의 마술사인 클로드 모네(1840~1926)의 정원. 그의 길고 풍성한 수염 사이로 아이리스, 양귀비, 수레국화, 아네모네, 튤립들이 소란스럽다.

수련 연작이 탄생한 '물의 정원'에는 우디 알렌 감독의 〈파리의 자정〉에서도 아름답게 빛나던 일본식 목조다리와 수련들이 햇살의 기울기에 따라 시시각각 빛깔이 달라진다. 눈부시게 왜 아침, 점심, 저녁 똑같은 풍경을 시리즈로 그렸는지 알겠다. 사랑을 살아나게 하는 것이 관심이라면 풍경을 살아나게 하는 것은 빛이기 때문일 터.

꿈에서 깨어나 오늘은 그 유명한 샹송가수 에디트 피아프(1915~1963. 피아프는 참새라는 뜻)가 태어나 어린 시절을 보낸 동네 벨빌로 출발이다. 달리는 차 속에서 에디트 피아프가 노래로 인사를 한다. 넓은 포도밭과 싼 선술집이 있는 그 벨빌 거리의 가난한 부모 밑에서 태어났지만 나중에 전 세계인들의 심금을 울린 참새!

그녀는 누구도 흉내 낼 수 없는 그 비극적인 목소리로 〈장밋빛 인생〉, 〈사랑의 찬가〉, 〈날 떠나지 마〉 등 수많은 명곡을 남겼다. 그녀의 노래는 언제나 슬픔을 꺽꺽 길어 올리기만 하는데도 짜증이 나는 대신 묘한 신비감을 준다. 이상한 일이다.

그래서인지 그녀는 부두 노동자였던 이브 몽탕을 사랑해 그를 최고 가수로 만들고, 천재 아티스트 장콕도와 연인이었으며 카바레를 전전하던 조르주 무스타키의 멘토가 되었다.

숱한 남자들의 뮤즈의 영감인 동시에 숱한 남자의 사랑을 갈구했고 그 사랑 속에서 음악적 영감을 찾았다. 그녀와 교류를 나눈 시인 자크 프로베르는 "에디트의 초상을 그리기 위해서는 단 하나의 물감만으로도 충분하다. 그것은 사랑이다."로 그녀를 압축한다.

"폐허 속의 도마뱀 같은 손을 가진 이 작은 여자를 보라. 좁다란 가슴에서 어떻게 밤의 고통과 같은 목소리가 나올 수 있을까? 그녀는 4월의 나이팅게일처럼 노래한다. 머리끝에서 발끝까지 검은 벨벳의 파도처럼 그녀를 감싸고 있다."라고 장콕도는 말한다.

물랑루즈에서 본 블링블링 화려한 알몸 '쇼쇼쇼'도 즐거웠지만 세느강의 어둠을 뚫고 불쑥 솟아오르는 상서로운 기둥! 하늘 높이 치솟는 에펠탑의 불기둥!은 경이롭다 못해 나를 불꽃 속으로 집어삼키는 것 같다. 한여름 밤 세느강이 이렇게 달콤하고 시원한 것은 미라보 다리에 썸타는 바람이 숨어 있기 때문이리라. 세느강을 바라보니 기욤 아폴리네르와 로랑생이 떠오른다.

미술관에 있던 모나리자가 증발했다 몽마르트르 세탁선을 뒤진 경찰은 기욤 아폴리네르와 피카소를 도둑으로 몰았다
미라보 다리 위 레몬 빛 가스등을 과량 복용한 마리 로랑생은 물고기처럼 파닥였다
은빛 몸통을 좌우로 흔들던 연애의 지느러미를 후려쳐 가방에 가두고 백작과 결혼한 로랑생, 이혼 후 처음 만난 기욤에게서는 삶을 거절한 피비린내가 붉게 진동했다
악몽을 새긴 가방을 열고 기욤의 기타를 꺼내 보속의 장송곡을 튕겨 주자 감청색 팔레트에 숨겨져 있던 물고기들이 밤을 깨우며 노래를 부르기 시작한다

'우리들 사랑은 오지 않는데~ 미라보 다리 아래 세느강은 흐르고~'

살아서 더는 저 강물같이 이마를 맞댈 수는 없겠죠?
잘 가요~ 잘 가요~, 내 사랑!
묘지에 묻히던 순간 로랑생이 끌어안은 기욤 시집, 봄밤처럼 그의 무게를 견딘다.
_윤향기 〈세느강이 시킨 일〉 전문

　오늘은 내가 묵고 있는 카페의 내부를 그려 볼 생각이다. 불이 밝혀진 저녁의 모습을. 제목은 〈밤의 카페〉가 적당하겠지.

　카페가 상류층의 전용물이 아니었다. 허름한 동네 카페에서 압생트라는 독한 술을 넘기고 노동의 힘겨움을 해소할 수 있었다. 일요일에 종교 생활마저 포기하고 얼마나 카페의 즐거움에 푹 빠졌는지 예배시간에는 카페 문을 닫도록 정부 조치가 내려졌을 정도였다니.

　여행을 하면서 즐거운 것 중 하나는 이런 카페를 만나는 일이다. 블

링블링 반짝거리는 쪽보다는 영원이라는 말 쪽으로 기울어 흔적이 남아 있는 장소들. 아무렴 그렇지, 그렇지만 그렇지. 프랑스에 왔으니 압생트 한잔은 마셔 봐야지.

그날 밤 볼 넓은 유리 글라스를 꺼내 압생트를 찰찰 넘게 붓는다. 그 위에 성냥불을 확 당기자 화르륵~~ 포르스름한 신비한 불길이 위로 너풀너풀 솟구친다. 거침없이 끝없이 푸르른 악마의 또 다른 얼굴을 보여 준다. 어떤 계급에도 속하지 않는 불꽃!

승리의 여신 니케를 만나고 기분 좋게 루브르를 나와 길거리 카페를 찾았다. 아무도 나를 알아보지 못하는 곳이라서 마음이 자유롭다. 야외 탁자에 커피 한잔 놓고 앉아 지나가는 사람들을 바라본다. 멍 때리기에 최적. 이 얼마 만의 여유인가.

말로만 듣던 니스해변이다.
수영복을 갈아입고 바다를 향해 내달린다. 고운 모래 대신 조약돌 해변이라 맨발이 좀 아프다. 선글라스 밖으로 반나의 여신들이 누워 선텐을 즐긴다. 친구가 말했다. 한국 대표로 반나가 되어 선텐을 하자고… 좋아라고 말은 했지만 남의 시선 아랑곳하지 않는 프랑스 문화와 달리 그렇게 말한 친구조차 선뜻 행하지 못했다.

향수의 도시 그라스! 프랑스 남부의 바람 미스트랄과 손잡고 프라고나르 미술관을 둘러보고 화가 장 오노레 프라고나르의 생가도 돌아보았다.
그라스는 향수의 원료인 장미, 재스민, 라벤더가 잘 자라 프랑스

향수의 약 70%를 생산한다. 프랑스 3대 니치향수인 몰리나르, 칼리마르, 프라고나르 등 본사에서 각 향수 만들기 클래스를 진행!

그 덕에 시향을 한 후 나만의 향수를 만든다. 디퓨저나 비누도 가능하다. 시간 관계상 나는 서너 가지의 향수 원료를 섞어 나만의 세계 유일한 재스민 향수와 시원한 라벤더 향수를 만들어 가지고 나왔다. 나의 기억 중 가장 끈질긴 냄새에 대한 기억이 될 것이다.

영국, 스코틀랜드

프랑스에서 영국으로 넘어가며 전화를 받았다. 초등 친구 두 명이 며칠 사이로 운명을 달리했다고….

찌르르르~ 문득 영원에 대한 감각이 깨어난다. 단순했던 현생의 순간순간이 영원의 한 조각이라는. 모든 사람은 우주의 한 부분이라는.

소우주인 조약돌 하나가 바닷물에 휩쓸려 떠나가 버리면, 세상은 그만큼 작아지듯이 친구들을 보내는 것도 마찬가지다. 그래서 누구의 죽음도 나에게 데미지가 된다. 이런 쓸쓸한 감정을 느끼는 건 내가 우주 속에 존재하는 소우주이기 때문이리라.

달리는 버스에서 비틀즈의 노래 〈When i'm 64〉가 들려온다. "내가 64세가 되어도 당신은 나를 필요로 할까요? 당신이 말씀만 하시면, 난 당신 곁에 있겠어요."

런던을 거쳐 약 한 시간을 달리니 코벤트리 성당이 보인다. 불경스럽게도 알몸의 고다이바 부인 동상이 턱 하니 성당 현관 앞에 서 있다. 수없는 시간을 건너 민중을 애민하는 저 어린 부인은 한 더위에

도 아랑곳없이 오늘도 알몸이다. 손수건으로 그녀의 땀방울을 닦아
주며 이런 용기와 이런 관대함은 어디서 오는 미학일까? 생각한다.

영국은 요즘 동상에 목소리를 입히기 시작했다. 거리의 모든 동상
에 전화를 대면 동상 주인공이 자신을 소개하기 시작한다.

관습과 상식을 깨는 대담한 정치행동을 나타내는 고다이바이즘
(Godivaism)이란 용어는 고다이바 즉 나의 이름으로부터 파생되었다.
남편인 레오프릭 영주의 과중한 세금 탓에 신음하는 농민들을 위해
세금을 낮출 것을 간청하지만 거만한 남편은 "당신의 민중 사랑이

: 존 콜리어 〈고다이바 부인〉 1898

진심이라면 그 사랑을 몸으로 실천해라. 만약 당신이 완전한 알몸으로 말을 타고 내 영지를 한 바퀴 돈다면 세금 감면을 고려하겠다."고 빈정거렸다. 고민 끝에 부인은 민중을 대신하여 악덕 영주의 횡포에 맞서 말을 타고 마을을 한 바퀴 도는 '누드 시위'를 벌였다. 어진 뜻에 감동한 마을 사람들은 누구도 창문을 열지 않기로 하였다.

그런데 피핑 톰이라는 재단사가 그만 커튼을 열고 훔쳐본 죄로 눈이 멀고 말았다. 그 후 '피핑톰증후군(Peeping-Tom)' 또는 '보예리즘(Voyeurism)'이란 엿보기 좋아하는 사람, 즉 '관음증'을 의미하게 되었다.

전 세계 예술인들로 대운하를 이루는 1947년 시작된 에딘버러 공연 축제!

: 에딘버러 붉은성 내부

179

유순하고 너그러운 이번 여행에서 나도, 램프를 들고 다니며 착한 사람을 찾는 디오게네스가 되고 싶었다. 하지만 날짜가 맞지 않아 축제를 직접 보지 못한 것은 못내 아쉬웠다.

스코틀랜드는 남자가 치마를 입는 나라다. 스카치 위스키, 킬트(타탄이라는 체크무늬 남성용 치마), 백파이프, 졸업식장에서 부르는 〈석별의 정, 올드 랭 사인〉의 고향이다. 또한 근엄한 시의원이면서 방탕한 이중생활을 한 윌리엄 브로디는 우리에게 너무나 친숙한 로버트 루이스 스티븐슨의 「지킬박사와 하이드」의 골격이 되었다.

아쉬운 맘을 달래기 위해 나는 붉은색 킬트 스커트를 하나 샀다. 그러고는 옆 카페에 들어갔다.
나는 푸른색 비옷을 의자에 걸쳐 두고 커피를 주문한다. 가방에서 핸드폰을 꺼낸다. 그리고 글을 쓰기 시작한다. 그 순간 음악은 바흐의 〈커피 칸타타〉로 바뀌었고 이 글을 쓰는 내내 〈커피 칸타타〉는 내 손을 제 마음대로 움직이고 있었다.

바다 도서관, 그 섬나라에서

－호주·뉴질랜드·하와이·사이판·발리

1. 호주

와와아~~~ 여행은 환호가 제격이지.

가장 보고 싶었던 환한 목숨 시드니.

아름다운 오페라 하우스가 신의 신탁처럼 기다리고 있을 줄이야. 한눈에 넣어도 될 만큼 아담 사이즈다.

두리번거리지도 못하고 그저 달리기에 급급했던 시간들이 안단테로 물결치며 흘러간다. 그대는 그대를 흘러가고 나는 나를 흘러간다. 눈을 들

어 반대쪽을 바라보니 노을로 진홍 범벅을 이루고 있는 하버브릿지가
눈부시게 손짓을 한다. 바다의 그리움이 영혼 속 한 그리움에게 메시지
를 보내는 밤. 오늘 밤은 포도주처럼 취해도 좋으리라.

　나는 배를 타는 대신 태양이 떠오르는 곳으로 터벅터벅 말을 타고
나섰다.
　물 위에 집을 짓는 대신 초원에 집을 짓고 캥거루 가족과 살았다.
　그들에게 상냥한 먹이를 주고 함께 뒹굴고 틈틈이 편지를 쓰고 사
진을 찍었다. 아침 파도를 일으켜 세우고 다시 말을 타고 달려가다
가 유칼립투스나무 그늘에 앉아 그림 그리는 사람을 만났다.

　"무얼 그리시오?
　들소를 스케치합니다.

당신이 들소를 여러 마리 책 속에 넣어 간 후부터
우리는 들소를 구경할 수 없게 되었소."

들소를 잡고 싶으면 동굴 속 벽화에 창을 꽂아 들소를 죽임으로
써 살아 있는 들소를 잡을 수 있다고 믿었던 수우족 족장은 가상이
곧바로 현실이라 믿는 예언가였다.

2. 뉴질랜드
북섬 노토루아에 있는 모코이아섬에 갔다.
"비바람이 치던 바다~ 잔잔해져 오면~
그대 오늘 오시려나~ 저 바다 건너서~~"

여름 바닷가 또는 캠핑장에서 또는 컬러링으로 즐겨 듣는 노래 〈연가〉

의 탄생지다.

세계 8대 불가사의 중 하나인 와이토모 동굴에 도착했다. 배를 타고 들어가다 고흐의 별빛 같은 수많은 불빛들에 감탄하고 말았다. 캄캄한 동굴 천정에 누가 어둠을 바느질했나 보다.

초저녁부터 까만 천에 반짝이는 은실로 반짝반짝 은하수를 떴나 보다. 반딧불이가 긴 스트레이트 파마머리처럼 줄줄이 늘어지며 빛을 발한다. 고요한 동굴 속에 물방울 똑똑 떨어지는 소리도 한 땀 한 땀 초벌 땀을 떴나 보다.

지하 강물을 따라 보트를 타고 더 들어간다. 동굴 안을 흐르는 물 덕분에 가까이 다가가 보트 위에서 올려다보니 티벳 밤하늘의 은하수가 긴 머리칼처럼 늘어져 반짝인다. 장관이다. 개똥벌레의 일종인 빛을 발하는 글로웜(glowworm) 수천, 수만 마리가 빛을 내고 있다. 어둠이 코 고는 소리는 이때 들린다. 어둠은 갱년기도 없나 봐~^^.

다시 배를 타고 동굴 밖으로 나오자 노을의 꼬리처럼 작아진 반딧불이의 눈망울들이 내 손가락마다 활짝 꽃을 피운다.

3. 하와이

"Aloha, e komo mai(안녕하세요, 환영합니다)!"

웰컴으로 걸어 주는 꽃 목걸이를 걸고 달고 보니 코 찌르고 온 게 잘한 것 같다. 오아후 공항에 도착하자마자 와이키키 해변으로 달려 갔다. 에메랄드빛 바다와 흰 모래사장이 펼쳐진 최고의 휴양지. 와이키키 해변은 어딜 걸어도 그냥 힐링이 된다.

가다가 버스킹 구경도 하고 어떤 날 아침에는 눈 뜨자마자 와이키키 바다에 풍덩 몸을 담그기도 한다. 석양이 지나 불빛 반짝이는 밤의 와이키키를 걸어 보라. 알리바바를 금방 만날 것 같다. 해변가 최

: 이우승 하와이 〈낙조〉 2022

186 지그재그 오르트 구름을 타고

고급 호텔들의 정문 앞은 훨훨 타오르는 가스 불꽃들의 축제, 꼭 아라비안나이트에 든 것 같다. 로비 문과 복도 문이 없는 건물을 보며 처음에는 뜨악했으나 곧 날씨 때문이라는 걸 알게 되었다.

하와이 민속마을에서 전통 공연을 본다. 훌라춤은 진짜 섹시 그 자체다. 어떻게 머리에 물그릇을 얹어 놓고 엉덩이만 그리 잘 돌릴 수가 있는 건지. 물이 아닌 구름 한 사발 이고 춤을 추는 것 같다. 관람하는 모든 남자들은 턱이 빠지고 여자들도 침을 닦는다. 공연이 끝나기 바로 전 다 같이 나가 한데 어울려 훌라춤을 춘다.

멜버른에서도 그랬지만 하와이 역시 섬 특유의 1일 5계절의 변덕스런 날씨가 있다. 하루 몇 번씩 내리는 여우비를 피하지 않고 그 비를 맞으면 머리가 잘 난다는 속설을 굳게 믿는다. 관광객들이 비를 피하려고 뛰어가면 촌놈이라고 놀리는 이곳 사람들. 헬로 화산에 살고 있는 불의 여신 펠레는 변덕이 심하다.
기상청 일기예보를 믿기보다는 여신의 비위를 맞춰 날씨가 좋아지도록 할 방법을 찾아 아직도 고심 중이라는 사람들 표정에는 그래도 행복 바이러스가 활짝 퍼져 있다.

용암 사파리 투어에 나섰다. 화산 분화구 주변은 꼭 달표면 같다. 치마를 여미고 뽀얗게 솟구쳐 오르는 뜨거운 유황 기둥을 맞는다. 어쩌면 태초의 지구란 연초록빛 초원이 아니라 용암이 흐르다 식어버린 검은 황무지였는지도 모르겠다.

인천에 하와이 공원이 있듯 마우이섬에 있는 이아오벨리에는 한국

공원이 있다. 사탕수수밭에서 일했던 제1세대 한국 이민자들의 동상이 세워져 있다. 차에 올라 이동 중에 창 밖으로 설탕 실은 기차가 지나간다. 요즘은 관광상품이 되어 있지만 백여 년 전 농한기도 없이 노예처럼 사탕수수밭에서 일하며 저 기차를 바라봤을 우리 이민자들의 애환이 짐작된다.

창작뮤지컬 〈알로하, 나의 엄마들〉은 사진 한 장에서 출발한다. 하와이 이민 1세대 디아스포라의 원조인 여성들의 우정과 모성애를 100여 년 전으로 돌아가 그려 낸다. 1900년대 초 일제강점기에 핍박과 가난, 여자라는 굴레에 갇혀 있던 시골의 열여덟 살 세 소녀들은 중매쟁이가 들고 온 하와이 한인 이민 1세 남자들의 사진 한 장을 보고 결혼을 결심한다.

이것은 당시 정부의 공식 이민서를 발급받아 하와이 사탕수수농장의 노동자로 떠난 조선 남자들이 고국에서 짝을 찾기 위해 이루어진 중매 혼인 풍속 '사진신부'이다.

공부를 할 수 있을 것이라는 희망, 과부라는 멍에를 훌훌 벗던

질 수 있다는 희망, 무당이라는 천한 신분에서 벗어날 수 있다는 희망을 품고 사철 따뜻하고 나무에 옷이 걸려 있으며 공짜로 공부시켜 준다는 천국으로 향했다. 하지만 현실은 나이 많은 남편감과 지독한 인종차별, 극심한 노동만 기다리고 있었다. 하와이에서 직접 설탕 기차를 보고 나니 100년이 지난 지금도 여전히 깊게 공감할 수 있는 이야기다.

4. 사이판

제주도보다 작은 사이판은 우리에게 가슴 아픈 섬. 일제강점기 때 한국인 징용자들과 위안부들이 끌려와 희생당한 곳이다. 만세 절벽은 제2차 세계대전 막바지 수세에 몰린 일본군들이 '천황 만세'를 외치며 뛰어내린 장소다.

그러나 더 안타까운 사실은 일본의 총칼이 무서워 타의로 몸을 던진 한국 징용자들도 많았다는 것이다. 자살 절벽 위에는 일본인들의 혼령비가 있고 한국인 위령평화탑은 만세 절벽 아래쪽에 있다.

만세 절벽, 새섬전망대, 그로토동 등, 이렇듯 하늘과 맞닿은 바다 풍경을 관광하는 것도 좋지만 진짜 꼭 봐야 할 곳은 재패니스 동굴이다.

어느 날이었다. 원주민이 언덕에서 흙이 패어 있는 곳을 발견하고 파들어 가기 시작했다. 한참을 파들어 가다 보니 사람의 두개골과 이상한 물건들이 보이기 시작했다.

그것은 다름 아닌 한국 여성의 상징인 참빗과 나무 비녀, 노리개들이었다. 재패니스 동굴을 걸어 들어가다 보면 양쪽 벽에 사람이 곡갱이로 파고 조각한 돌벤치만한 좁은 침대들과 바로 벽 위에는 큰 쇠

못곳이 하나씩 박혀 있다. 위안부 처녀들이 일본군들의 배설구가 되었던 장소로 그 못곳은 일본군이 옷을 걸어 놓던 옷걸이였다.

숨죽이며 나오다 뒤를 돌아보았다. 찢어진 치마로 얼굴을 가린 채 흐느끼고 있었다. 울지마라 순하디 순한 소녀들아! 나는 어린 소녀들을 위해 마음의 향을 피워 주었다.

갱도를 파들어 가자 참빗과 나무 비녀
골무로 만든 저 노리개 오종종 낮이 익다
적소(謫所)를 환히 밝히며 누워 있는 촉루(髑髏)여

엄니 나 순자여라. 보고자파 왔지라우
이년아 나가 뒤져부러 챙피해서 못살것다
맨발로 하늘을 가느라 발이 시린 밥풀꽃
별 몇 점 채굴하여 가슴에 심어 놓고

엄니랑 졸며 깨며 불렀던 아리랑 고개
원통해 나 못 넘겠소 억울해 못 죽겠소

어둡고 찬 동굴에서 길어 올린 바닷물이
금강 길 돌고 돌아 백두로 갈 때까지
두고 온 너의 이름을 오래도록 닦았다.

_윤향기 〈진혼굿을 걷다〉 전문

5. 발리

슬라맛 빠기~(굿 모닝)

샛노란 아침 태양이 침대 밑에 구겨져 있던 어둠을 몰아내고

슬라맛 시앙~(굿 애프터눈)

제트스키가 파란 물살을 가르며 초스피드로 인사를 하고

슬라맛 쏘레~(굿 이브닝)

카페에 들어서자 커피가 조금씩 진해지며 상냥하게 인사를 하고

슬라맛 말람~(굿 나잇)

노을의 꼬리에 볼을 찍힌 레드와인이 비늘처럼 떨며 키스를 하고
뜨리마까시~(감사합니다)

그때마다 나는 조용히 두 손 모으며 스마일 목례를 한다.

아궁산 화산이 언제 폭발할지 몰라 조마조마하며 오늘도 신께 지극정성으로 기도하는 마을 사람들의 눈빛은 선하고 깊다. 지구상의 오래된 시나 그림, 음악이나 신전, 조각품들이 모두 신을 위한 것이었듯이….

플로리안 카페에서 비발디와 보낸 한 시간

-이탈리아

Dear my ooo!

안녕? 벌써 보고 싶다. 루치아노 파바로티의 나라. 고층 건물 없이 탁 트인 이탈리아의 하늘이 참 맑고 이쁘다.

아디제강이 시내 북서쪽을 휘감고 흐르는 이곳은 베로나야. 줄리엣과 로미오의 도시! 자코메티의 걷는 사람처럼 줄리엣 생가로 걸어간다. 줄리엣 동상의 가슴을 만지면 사랑이 온다는 속설을 믿고 얼마나 많은 관광객이 만지고 갔는지 가슴만 반짝거린다.

세계 최대 규모의 와인박람회 '비니탈리'가 열리고, 밸런타인데이에는 줄리엣과 로미오가 살아 있는 것처럼 화살 맞은 연애 사연이나

벼락맞은 트라우마를 털어 내는 수천 통의 편지가 날아드는 곳. 특히 줄리엣 클럽 봉사자들은 그런 편지에 답장을 보내고 가장 아름다운 편지를 선정해 시상도 한다니 흥미롭기도 하다.

: 커피확

: 플로리안 카페

　무료함을 흔들어 대는 거리 카페에 앉아 맥주 한잔을 놓고 지나가는 사람들을 응시하네. 넘치고 넘치는 멋쟁이들의 환한 웃음들이 친밀감을 풀어 놓네. 사랑의 기다림과 고통에 대해 노래할 때조차 이 사람들은 폐를 찌르며 웃지.

　사랑의 마법에 빠진 감정의 파라다이스. 그러나 파라다이스를 지향하는 사랑의 소비는 감정의 수업료를 담보하지. 상처가 깊을수록 착불의 사랑은 아름답게 채색된다나.

　오후의 햇살에 알몸을 드러내는 이 유명한 다리는 영원한 사랑의 뮤즈에 대한 긴밀한 이야기를 전한다. 작은 상점들로 채워진 베키오 다리는 과거 대장간과 푸줏간이었다.

　단테의 대서사시 「신곡」은 주인공이 지옥·연옥·천국을 여행하면서 겪는 영혼들과의 만남이다. 그에게는 안내자가 둘이 있다. 한 사람은 평소 존경했던 로마 시대의 서사시인으로 지옥과 연옥을 안내

: 베키오 다리

하는 베르길리우스이고 또 다른 한 사람은 천국을 소개하는 단테의
영원한 뮤즈 베아트리체이다.

단테는 9세 때 부친을 따라간 파티에서 베아트리체를 보고 첫눈에
반한다. 단테가 베아트리체와 9년 만에 다시 마주친 운명의 다리. 그러

나 한마디 말도 건네지 못한 채 몇 년 후 그녀의 결혼 소식을 듣는다.

그 후 그녀가 24세에 사망했다는 비보에 털썩 주저앉는다.

이 세상에 더 이상 자신의 뮤즈가 없다고 절규했던 그 힘으로, 한평생 그의 영혼을 지배하였던 운명적인 짝사랑의 힘으로 단테가 「신곡」을 쓸 수 있었던 것이다.

물의 도시 베네치아!

분명 처음인데 친숙하다. 왜일까? 아마도 르네상스 시대의 베네치아 그림을 너무 많이 보아서일까? 물이 시차(視差)를 만드는 특이한 섬! 초현실적인 햇살이 아무것도 걸치지 않은 베네치아를 은근슬쩍 쓰다듬는다.

스스로 운치를 만들어 내는 수로를 따라 물의 여행을 떠난다.

아침엔 창백하고 오후엔 화려하고 저녁엔 고혹적인 베네치아의 여름밤이 시원한 것은 그대가 어딘가 숨어 있다 불쑥불쑥 나타나 노래를 부르기 때문이다. 물 위를 지나가는 바람은 명예와 젊음을 가져간다지만 아무렴 어떠랴. 바람이 자아내는 비경과 칸초네와 아기자기한 이야기는 그저 눈부시기만한데…

산 마르코 광장으로 나가면 운하 위에 놓인 다리 중에서 제일 크고 유명한 리알토 다리를 만난다. 베네치아의 풍경을 완성시키는 이 다리는 윌리엄 셰익스피어의 「베니스의 상인」과 괴테의 「이탈리아 기행」에 등장한다. 이곳을 다녀가지 않고도 리알토 다리를 멋지게 묘사한 셰익스피어도 있지만 고향인 베네치아에서 〈사계〉를 멋지게 완성한 비발디도 있다.

두칼레 궁전과 형무소를 연결하는 탄식의 다리는 죄수들이 궁전 법정에서 판결을 받고 이 다리를 건너면서 아름다운 대리석 창문을 통해 넓은 바다를 내다보며 탄식했다는 데에서 유래한다. 이 다리를 한번 건넌 사람은 아무도 돌아오지 못했으나 세기의 바람둥이 카사노바만이 탈출에 성공했다고…

더위를 식힐 겸 이탈리아에서 가장 오래된 플로리안 카페에 들어섰다. 카페의 저명인사의 방에는 벌써 베네치아가 고향인 비발디뿐만 아니라 괴테, 바그너, 프랑스 인상주의의 상징인 마네와 모네, 제임스 티소 등이 커피를 마시며 담론을 즐기고 있다.

눈인사를 건넨 나는 한적한 구석에 자리를 잡는다. 아포가토를 시켜 놓고 좀 전에 거리 난전에서 산 엽서를 꺼낸다.

모네의 〈황혼의 베네치아〉 속 산 조르조 마조레 성당이 있는 풍경이다. 그림처럼 온통 붉은 물고기의 비늘로 바다와 하늘이 흥건해진다. 노을이 자자해지길 기다려 내 마음을 휘어 감은 당신에게 그리운 그대에게 이 황홀한 저녁을 쓰기 시작한다.

Dear my ooo!

트레비 분수 앞은 언제나 문전성시.

바로크양식의 마지막 걸작인 분수 중앙에는 대양의 신 오케아노스가 있고 왼쪽은 격동의 바다, 오른쪽은 고요의 바다다. 동전을 하나던지면 로마에 다시 올 수 있고, 두 개를 던지면 사랑하는 사람과 다시 오고, 동전 세 개를 던지면 행운을 가져다 준다는 전설에 몸을 기댄다. 분수는 이 거짓말로 하루 평균 몇 천 유로를 삼킨다나.

나는 지체할 것 없이 동전 두 개를 찾아 뒤로 돌아서서 왼쪽 어깨 넘어로 찰랑 찰랑 던졌다. 조그맣지만 투명한 소리가 들렸던 것 같다.

　한낮에 우피치 미술관에서 조각상들과 그림들 사이를 누비고 다닌다. 메디치 가문이 후원했던 많은 그림 중 보티첼리의 〈비너스의 탄생〉 앞에 선다. 제우스의 정액이 바다에 떨어져 잉태가 되었다는 그녀는 벗은 몸을 부드럽게 감싸는 꽃잎 바람을 맞으며 후욱~ 실로 아름답고 싱싱하게 처녀의 냄새를 풍기고 있다. 그대도 한때는 누군가의 싱싱한 비너스였다.

　으으~ 좀 피곤하지만 오드리 햅번이 젤라토를 먹고 있는 스페인 광장을 놓칠 수는 없지. 이탈리아 여행의 필수 먹거리 젤라토를 어서 사러 가자. 일반 아이스크림과 달리 젤라토는 뭔가 씹히는 것 같은 쫀득쫀득한 맛의 식감까지 갖춰 기대 이상이다. 옆 와인가게를 구경하다가 "그대를 다시는 사랑할 수 없을만큼 사랑해요."라고 말하는 양초도 하나 가방에 챙겼다.

: 사랑이 뚝뚝 흘러내리는
완벽한 포옹 양초

사람들은 무언가에 매혹되면 그 장소에 꼭 가고 싶어하는 심리가 발동한다. BTS에 홀리면 한국에 오고 싶고, 「불경」을 읽으면 인도에 가고 싶고, 「토지」를 완독하고 악양 들녘을 걷게 되듯.

나그네새도 쉬었다 가는 바티칸. 전 세계의 가톨릭 신자를 다스리는 나라. 미켈란젤로 천지창조, 라파엘로의 아테네 학당을 볼 수 있는 곳. 세상에서 가장 작은 나라지만 세상에서 제일 큰 태피스트리가 있다.

그중에 잊혀지지 않는 것은 아라찌의 방이다.
태피스트리가 전시되어 있는 방인데 긴 벽 전체가 그 큰 그림 카펫으로 덮여 있다. 실로 이런 그림 같은 직물을 세세하게 입체감을 넣어 짠 손길은 얼마나 섬세한 걸까? 대단하다.

김정호의 대동여지도가 생각나는 지도의 방을 지나 촛대의 방에 있던 아르테미스 여신상을 본다. 다산과 풍요를 상징하는 그녀는 수십 개의 유방을 달고 당당하게 손님을 맞고 있다. 그곳에서 수줍음이나 부끄러움은 관객의 몫.

2000여 년 전 시간 속으로 들어왔다. 환락과 사치로 물든 폼페이는 30분 만에 최후의 날을 맞았다. 화가 가득 난 베수비오 산이 도시를 삼켜 버렸던 것이다. 이곳에서 가장 핫한 곳은 유곽이다. 극한의 멜로와 불륜이 뒤엉켰던 폼페이 벽화!

그 사람들이 만들어 낸 해골이 그려진 은제 잔에 남아 있는 글귀 '불확실한 미래는 믿지 말고 현재를 즐겨라. 세상에 쾌락만한 즐거움은 없다.'부터 황금 장식품과 조각상, 화려한 모자이크 바닥, 개방적인 성문화를 부장품처럼 남기고 자연으로 돌아갔다.

폼페이 벽화에 새겨진 '내가 함께 저녁을 먹지 않은 사람은 내게 야만인이다.'에 이어 또 폼페이 파티장 벽에는 온건한 처신에 대한 옐로카드도 있다.

1. 남의 부인에게 외설적인 말을 건네지 마라
2. 네 속옷을 더럽히지 마라
3. 상스러운 말을 하지 마라
4. 남을 괴롭히지 마라

새로운 것들을 보고 새로운 눈을 발견했으니 족해야겠지만 이탈리아에 온 김에 고대 로마 시대의 원형경기장 아레나를 빼면 안 되죠. 오페라의 나라에서 여름밤마다 공연되는 야외 오페라. 관객이 2만 명 이상 들어가는 아레나가 꽉 찼다.

지금까지 가장 많이 공연된 작품은 〈아이다〉로 로미오와 줄리엣의 도시에서 21세기에 들어서는 아이다의 도시로 변신한 계기가 되었다. 이제 마지막으로 두 연인 아이다와 라다메스가 최후의 2중창을 부른다. 까마득히 높은 스탠드에는 수많은 연인들이 두 손을 잡은 채 어깨를 감싸 안고 앉아서 미동도 없이 아련하게 들려오는 오페라에 넋을 놓고 있다.

차츰차츰 비었던 내 가슴도 차오르기 시작한다. 벅찼던 격정의 순간이 시시포스의 바윗돌처럼 아이다의 하늘에서 떨어지며 원시의 모습으로 행복하게 떠내려가고 있다. 멀리 무대에서 들려오는 꿈결 같은 노랫말들이 짙은 클라인블루의 여름밤을 열어젖히고 조용히 내 심장에 키스를 퍼붓는다.

ㅋㅋ~

그해 7월은 신비한 산타아나스 바람이 되었다.

지그재그, 오르트 구름을 타고!

1. 대만

보라색 줄무늬 장갑을 낀 라일락 꽃송이들이 나에게 말을 건다. 평생 그늘 하나쯤은 남기고 떠날 줄 알아야 사람이라고….

라일락은 내가 가장 좋아하는 꽃이다. 화려한 꽃 모습은 아닐지라도 멀리서부터 가슴을 설레게 하는 그 향기를 따라 대만에 내린다.

지우펀 홍등 마을은 애니메이션에서 센과 치히로가 행방불명된 바로 그 비탈진 언덕배기에 세워진 관광명소다. 자루 속 콩들처럼 서로 어깨를 부딪히며 간신히 걸어 이동하는 사람들. 이 골목은 완전 먹자골목. 핫한 집들은 줄이 너무 길어 사 먹으려면 초인적인 인내가 필요하다.

예류지질 공원이다. 검은 머리를 높이 틀어 올린 귀부인이 긴 목을 빼고 나를 기다리고 있다. 얼굴은 살짝 곰보였지만 그 누구를 원망하는 기색은 하나도 없다. 장신구 하나 걸치지 않았는데도 우아하고 품격 있는 미소는 나를 압도한다. 그래서 한 컷!

그리고 다음에는 기찻길이 있는 스펀으로 이동. 차에서 내려 풍등에 저마다 소원을 적어 날린다. 어두운 밤하늘에 풍등이 두둥동 줄지어 하늘로 날아간다. 헉! 저 소원 다 들어주시려면 얼마나 힘드실까?

여긴 진과스! 옛 금광 마을에 있는 황금박물관이다. 이곳에서 꼭 봐야 할 것은 220kg에 달하는 금괴로 박스 구멍으로 손을 넣어 만질 수도 있다.

　곧 이어 대만국립박물관에서는 싱싱한 배추를 사 오고 싶었다. 취옥백채라 부르는 옥으로 조각한 배추인데 그 위에 여치가 달라붙어 있는 것까지 표현해서 더 리얼하다.
　이 배추 사진에서 찾아보셨나요? 유명한 이 여치는 다산을 상징한다고….
　호텔로 이동하기 전에 85도 소금커피 카페에 들렀다. 소금커피를 주문한다. 내 취향이다. 커피 위에 올라가는 생크림이 소금크림이라서 단맛을 꾹 눌러 주었기 때문이다. 어제 먹은 춘수당 버블티는 역시 원조 맛 다웠고. 근데 난 왜 밀크 속에서 유영하는 타피오카 펄이 그리 좋을까?

2. 태국

　으리으리한 천 개의 사원보다 나는 시골 아유타야의 이 붓다를 흠모한다. 천 년을 지나오는 동안 초콜릿 복근이며 이두박근 모두 나무에게 공양하고 빗장뼈 안에 잠들었던 천사들마저 하늘로 날려 보내 이제는 머리만 간신히 남았다. 계속해서 떼어 주다 보니 몸은 다 사라졌지만 하루하루 만족하며 감사하며 살아가신다.

: 백색사원(위), 카오산로드(아래)

저 얼굴을 보라. 누구의 어떤 행동에도 상처받지 않는 천만 불짜리 미소를 보라. 모든 건 다 찰라에 지나간다.

제발 상처받지 마라는 말에도 상처받지 마라. 누구에게도 상처를 주지도 받지도 마라. 베풀고도 계속 생각한다면 그것도 욕심이다. 놓아 버려라. 베푼 것도 못 받은 것도 잊어버려라. 부질없다.

그 시절 나에게 상처 준 이가 있다면 그럴 수밖에 없는 이유가 있었겠지 하며 어서 용서해 버려라. 좀 넉넉하다면 사랑으로 나누고 부족하면 배려하며 아껴 쓰면 된다. 그리고 너무 애쓰지 마라. 너무 최선을 다하지 마라. 너무 애쓰다 보면 피곤해서 끝까지 가지 못한다. 조금 천천히 편하게 걸어라. 기뻐하는 마음으로 감사하며 살아라.

지금이 젤 좋은 때다. 어제는 선물이고 오늘은 기적이다. 꽃자리가 바로 오늘이다. 인생이 끝나는 순간까지 물 흐르듯 그렇게 흘러가라고 말씀하신다.

방콕에 처음 갔을 때는 칼립소 카바레쇼에 엄청 놀랐다. 붉은 막이

걷히면 아름답게 꾸민 트렌스젠더들이 화려한 조명 아래서 매력적인 퍼포먼스를 날린다.

반쪽은 턱시도 다른 반쪽은 붉은 드레스를 입은 하나의 몸!을 한번은 오른쪽으로 돌려 남자의 목소리로 노래를 부르다 다음번엔 반대인 왼쪽으로 돌려 여자의 요염한 목소리로 관중을 유혹한다.

눈이 휘둥그레진다. 여자보다 더 섹시한 트레스젠더들의 이런 노력이 있어 30년이 넘도록 꾸준히 사랑받나 보다.

이번에 갔을 때는 파타야에서 그 유명한 알카자쇼를 본다. 칼립소 카바레쇼에 비해 약간의 차별화는 있고 더욱 화려했으나 처음 놀랐던 것만큼 나를 놀래키지는 못했다.

석양을 보고 내려와 늦은 저녁을 먹고 택시를 탄다.

그 유명한 여행자 거리라는 카오산 로드에 도착. 나이 든 이가 들어서기가 민망할 정도로 여기는 젊은이의 성지다.

거리마다 세계 각처에서 몰려든 젊은 열기들이 뜨겁다 못해 그 공기에 취해서 클라이맥스를 느낀다. 거리에는 노래와 춤 음식이 난무하고 양념으로 대마초 냄새와 웃음을 파는 쇼걸들의 천국이다.

대마초가 합법이 된 이후로 술, 담배, 아이스크림, 차, 음료, 요리, 의약품 등 들어가지 않는 곳이 없다. 뿐만 아니라 초록 잎사귀 문양의 초록 불빛 로고를 단 가게들이 여기저기서 반짝거리며 성업 중이다. 낭만 뒤에 숨겨진 난장은 이렇듯 힘이 세다.

  내가 가장 좋아하는 태국 마사지! 하루의 피로를 몽땅 날려 주는 타이 마사지. 저렴한 가격에 실속 있는 마사지를 받다 보면 금방 중독된다.
  침대에 누워 눈을 감은 채 오감을 챙겨 유려한 손길을 따라가다 오래전에 큰딸과 다녀온 페낭 샹그릴라 리조트 스파 마사지 생각이 떠오른다.
  금붕어가 있는 정원을 지나 바닷가 쪽으로 걸어가자 그림처럼 예쁜 원두막 같은 밀실이 여러 동 서 있다.

  실내로 들어서자 분홍빛 꽃잎을 둥둥 띄운 따뜻한 물에 내 발을 담그고 손으로 씻어 자신의 무릎에 놓고 수건으로 말려 준다. 꽃 팬티와 수건을 받아들고 들어가 알몸에 팬티만 걸친 채 침대에 눕는다. 스프레이로 향수를 뿌렸는지 모든 물건과 공기에서 과일 향이 은은하게 난다. 허브오일을 바르고 밀며 주무르는 손이 얼마나 정교한지 설명하기 어렵지만 참 느긋하게 편안하다.

그때였다. 눈을 감고 살풋 잠결이었나? 내 꿈결에 누가 싱잉볼을 비잉비잉 돌린다. 위이잉~ 스위잉~~~~ 세상에~ 명상으로 이끄는 소리와 향기와 부드러운 손길이 합해지니 심신이 어디론가 사라져 간다.

3. 베트남

2022년 12월! 생일을 맞아 베트남의 아들과 며느님의 초청을 받고 호치민에 도착. 며느님이 말한다. "어머님! 계신 동안 하시고 싶은 것 다 말씀하세요. 열심히 모실께요." "ㅎㅎ~ 그래 고맙구나. 매일 마사지, 미술관 투어, 전통극 관람, 골프 투어, 거리 음식, 재래시장 구경, 바닷가 투어 등등을 하고 싶구나." "네, 알겠어요."

대답이 떨어지기 무섭게 아침 먹자마자 모닝커피를 마시러 가까운 카페로 가잔다. 들어가 마주 앉았다. 난 그 애의 눈에 비친 나를 보고 그 애는 내 눈에 비친 자신을 보며 달콤쌉싸름한 액체를 흘려보낸다. 본다를 내려놓고 거리를 오가는 오토바이 밀림을 투시한다. 출근길 러시아워를 하루만 보아도 세상의 오토바이는 다 보는 것 같다.

저런 저런~ 한 오토바이에 4명의 가족이 타고 간다. 당연하다는 웃음 띤 표정. 연인과 탈 때도 뒤에 앉은 여자가 앞의 남자를 잡는 법이 없다. 급브레이크가 두려워 앞 연인의 허리를 꼭 잡는 것이 상례인데 아기 때부터 오토바이를 탔기 때문에 그렇게 타도 두렵지 않다 한다.

수다를 적절히 떨다 아들 회사 근처로 가서 우아한 점심을 먹고 워커힐호텔 카페에서 생전 처음 보는 디저트에 손을 뻗는다. 그리고는 미술관으로 고고. 헉!

진열해 놓은 전체 물건들이 우리 집에 있는 것 만큼도 안 된다. 베트남 수도에 있는 미술관의 짜임새가 너무 볼품없고 엉성하다. 오래된 창고 수준이다.

다음 날 저녁 전통극을 보러 갔다. 칙칙하고 어두운 의상과 단순한 배경 탓에 마음이 우울해진 작품이었다. 다낭에서 본 전통극의 화려한 의상과 배경과 배우들의 활기찬 표정과는 정반대였다. 다낭이 완전 현대라면 호치민은 구식 버전의 이야기를 해댄다. 지루하다.

푹 자고 난 새벽.

5시에 출발. 6시에 골프 티업이다.

40대에 장님이 문고리 잡듯 남편도 못하는 홀인원을 했다. 친구 부부와 남편 앞에서 그날 나는 결심했다. 아이 셋을 둔 월급쟁이 아내로 더는 골프를 치지 말라는 말씀이라고….

그 후 난 연필과 종이에만 쩐을 지급하고 글쓰기에만 열중했던가 싶다.

그러니까 거의 30여 년 만에 처음으로 골프장 그린에 선 것이다. 가

슴이 두근두근~ 맙소사! 삑사리나면 어쩌지? 괜히 노욕을 부렸나? 에라 모르겠다. 될대로 되라. 아들이 먼저 티를 꽂고 그 위에 골프공을 놓고 드라이버를 휘날린다. 탁! 임팩트가 아주 좋다. 굿샷! 잘 맞았다. 페어웨이 정중앙에 멋지게 내려앉는다.

두 번째로 내 차례다. 콩닥콩닥. 걱정을 말자. 하쿠나마타타!
숨을 고르며 기도하는 마음으로 티를 꽂고 공을 올리고 헛스윙 두 번 그러고는 탁! 치고, 고개 들기가 겁난다. 어디로 날아갔을까? 이런 세상에나 기적이 일어났다. 거리는 그리 멀리 가지 못했어도 페어웨이 중앙에 반듯하게 직선으로 떨어지는 공.
굿샷! 아들과 이정은이 환호해 주는 소리. 오케이~ 세레토닌 충전! 그리고 아들이 말한다. 엄마, 아직도 감이 살아 있어요. 신기해요. 나도 정말 신기하다. 두 선수들 앞에서 쪽팔리지 않아서 천만다행이다.

18홀이 끝나자마자 피로를 풀어야 한다며 마사지숍으로 밀어 넣는다. 정말 내 몸을 제 몸처럼 진정성 있게 자극해 주는 손길을 만나면 팁은 더 주기 마련이다. 매일 며느님과 계속되는 마사지 투어는 참 호쾌하다.
방콕의 마사지가 정통이든 오일이든 핫스톤이든 허브든 다 좋았지만 호치민에서 내 살을 깨어나게 한 핫스톤의 짜릿함과 사악한 외형에 지독한 냄새를 풍기던 두리안은 아직도 생각이 간절하다.

그리고 신기한 점 두 가지!
하나는 집에 오는 길에 여기저기 고양이 그림 천지이다. 저게 무슨 그림이냐? 2023년 새해가 베트남은 토끼해가 아니고 고양이해라고 해요. 오호라~ 그렇구나.

두 번째는 쌀국수 먹을 때마다 국수보다 먼저 식탁에 와서 앉는 음식 '반꿔이' 접시다. 우리나라 설탕 바르지 않은 왕꽈배기다. 처음엔 이것도 국수와 함께 나오는 음식인 줄 알았으나 그런 게 아니고 먹고 싶은 사람은 먹되 국수와 별개로 돈을 내는 것이었다. 내 식탁에서 팽당해도 서러워하지 않는 씩씩한 반꿔이!

다낭이다.

바나힐을 가기 위해 케이블카를 탄다. 중간에 거대 손가락 모양의 골든 브릿지에 내려 한 컷. 다시 타고 올라가면 정상에 프랑스풍의 휴양지 바나힐이다. 외국 여행 중에 탔던 그 어떤 케이블카보다 길어서 신이 난다. 몸을 뒤흔드는 놀이기구에도 도전하고….

저녁 어스름이 드리우면 매일 불꽃 축제가 열리는 호이안.
강가에 있는 콩카페에 들러 강물 흐르는 속도로 커피를 음미한 후 옛 수레를 타고 올드타운을 누빈다. 사방이 어두워지자 하늘에도 강물에도 눈부신 연등 폭죽이다. 비단 등이라서 불빛이 더욱 윤기가

나며 밝다. 화려한 연등 가게 앞은 연인, 친구, 가족, 웨딩사진까지 줄을 길게 서서 사진 찍을 차례를 기다린다.

빛 속에 잠긴 연등가게, 노점의 과일들, 떠내려가는 색색의 소원 등 사람들의 영롱한 웃음소리로 강물은 가득 부풀어오른다.

누군가를 위해서 자신을 불사르는 처절함이 뜨겁게 아름다움으로 전해져 오기 때문일까? 이 다정한 연등 마을은 몇 번을 와도 황홀하다. 어느 생이었는지는 모르지만 꼭 한 번 살았던 기억이 있는 것 같다. 누구에게라도 권하고 싶은 여행지 그러고 보니 사람은 여행한 만큼 사는 것 같다.

다음 날 후에에 있는 옛날 프랑스로 유학 다녀온 왕의 무덤을 본다. 무덤 건물조차 프랑스풍. 자신의 초상화를 그릴 때는 코를 높게 그려 달라고 주문했다는 프랑스 애호가를 만난다.

중국 계림의 산 풍경이 신이 싸 놓은 수많은 작은 똥 덩어리라면 베트남의 하롱베이 산 풍경은 신이 급해서 바닷속에 싸 놓은 쬐금 더 큰 똥 덩어리다. 아마도 매일 한 덩이씩 싸 놓으셨는지 아직도 뜨끈뜨끈한 말씀은 살아 있다. 그 말씀에는 이상하게도 냄새가 없다. 밝지도 흐리지도 않은 초록 불빛이 아이콘이기 때문이다. 여기저기서 채집한 풍경들이 폭죽처럼 반짝거린다.

시인들은 아무 말 없이 그곳을 마우스로 클릭하며 조용히 교신을 한다. 그러고는 들리지 않는 지난날보다 볼 수 있는 오늘의 여행을 긴 시로 남긴다.

4. 싱가폴
배를 타고 배를 타고 싱가폴에 갈까?
가서 저 빌딩 위에 정박하고 수영이나 할까?
정말 저 위에서 수영하다 난간에 기대어 아래를 내려다보면 우우우 ~~~ 오금이 저릴까?
어깨에 날개를 단 인어가 되어 어푸어푸 퐁당퐁당 기분이 날아오를까? 이 나라의 상징인 머라이언이 굳건히 지켜 줄 테니 세상 근심은 다 내려놓고 신나게 놀아 보자.

샤토브리앙이 달빛을 받으며 로마의 거리를 배회했던 그런 분위기는 전혀 낼 수 없는 나라. 조그맣고 깨끗하게 인공적으로 잘 다듬어 놓은 나라. 향기에 취하게 하기 위해 묶어 놓은 프리지어 꽃다발 같은 나라. 중국 냄새 물씬 풍기는 아름다운 나라. 형벌이 어마무시하게 무서운 나라. 너무 정돈되어서 호젓한 숲속에서 마음을 다듬는 소리가 덜 들리는 나라. 어느 풍경은 일일이 설명하는 것보다 그 풍경이 말하는 것을 그대로 듣는 것이 훨씬 좋다.

싱가폴 대학생이 된 재현이를 만나고 가야겠다.

5. 브루나이

브루나이를 여행하는 동안 난 줄기차게 선글라스를 애용한다. 그곳 사람들이 천의를 걸치고 천상에서 논다는 그 헤일 수 없는 복지가 부러워서, 부러우면 지는 건데….

저녁엔 친구와 호텔방에서 생을 논하며 사 들고 들어온 두리안과 망고, 용과, 망고스틴을 먹으며 포도주를 거덜낸다.

이튿 날 아침 부스스한 정신을 차리려고 바닷가로 나간다. 청정한 바다의 무심함이 말을 잊어버리게 한다. 나 자신을 바라보기에 충분한 시간을 갖자. 바다가 말한다. 초조해하지마. 불안해하지도 말고 그냥 남은 생을 걸어가는 거야. 그날이 올 때까지 천천히 그 시간의 간극을 즐겨. 고마워. 그럴게. 난 조용히 바다 난간에 올라앉아 가부좌를 틀고 두 손을 머리 위로 올려 합장한다.

짭짜롬한 바다의 체온을 깊이 들여마신다. 태초에 물고기였던 기억이 떠오른다. 부레가 뻐끔거리며 숨을 쉬었다 내뱉는다. 고래등에 올라 휘파람 휘이휘아~ 불며 신나게 놀았던 추억까지 되살아난다. 무의식 속에서 아드레날린이 솟구치며 집단 무의식의 원형을 끄집어낸다는 것은 ㅋㅋㅋ 멋진 일인 것 같다.

다시 태양!

태국과 마찬가지로 술탄과 부인의 사진이 여기저기서 여행객을 반긴다.

모스크다.

금빛 둥근 돔은 러시아 정교회와 닮았다. 현관에서 안내하는 사람이 말한다. 모자가 달린 길고 검은 망토를 빌려 입고 들어가면 실내를 구경할 수 있다고. 오우~ 땡큐! 검은 망토를 입으니 벌써부터 경건해진다. 모든 종교란 이렇게 한순간에 때 묻은 사람을 착한 양으로 만드는 기술이 있다.

6. 홍콩과 마카오

인도 여행 중에 친정 아버님이 별세하셨다는 통보를 받았다. 급히 구한 티켓은 직행을 못 구해서 홍콩에서 갈아타야 했다. 아무것도 보이지 않았다. 발만 동동 구르며 하염없이 눈물만 흘렸던 홍콩공항의 슬픈 기억이 있다.

홍콩의 세계에서 제일 긴 에스컬레이터가 신기했지만 더 좋았던 건 공항에서 문을 열고 가방을 끌며 일직선으로 주욱 앞으로 걸어가면 그대로 곧장 전철을 타는 편한 동선이었다.

아들이 홍콩지사에서 4년 근무한 적이 있다. 그때 홍콩은 아파트에 가정부 방이 필수로 끼어 있었고 도둑이 얼마나 극성인지 현관문과 창문은 철재 자바라가 쳐져 있어 답답했다.

아침마다 일찍 일어나 탁 트인 바닷가로 산책을 나간다. 잘 꾸며진 공원마다 음악 소리가 요란하다. 열 명씩 스무 명씩 그룹 지어 아침 운동을 한다. 전 국민이 다 나왔나 보다.

또한 일요일이 되면 큰 대로변 육교 위는 사교장으로 변신한다. 필리핀에서 온 가정부들이 휴일을 맞아 고향 사람들을 만나러 나오는 것이다. 한 푼이라도 더 아끼려고 카페에 가는 대신 집에서 싼 도시락을 들고 사람들이 오가는 육교에 앉아 하루를 쉬다가 돌아간다. 차비마저 아껴 고향에 보내려는 짠순이들은 그 사교장마저도 나오지 않고 방콕한다고.

거대한 공기 부양선을 타고 들어간 마카오!

440년간 포르투갈의 지배를 받으면서 서구와 아시아를 잇는 가교 역할을 한다. 긴 세월 동안 포르투갈 문화의 자장 안에 있었기에 중세 유럽을 옮겨 놓은 듯 고풍스럽다. 유네스코 세계문화유산도 30개에 달한다. 마카오는 동방의 라스베이거스라는 별명을 얻을 만큼 도시 곳곳이 카지노 불빛으로 휘황찬란하다.

카지노는 태어나서 처음 가 본 경이로운 세계다. 도파민의 짜릿한 쾌락에 몸을 맡긴 사람들이 휘황찬란하게 움직이는 개미떼 같다. 돈을 따려고 눈에 불을 켜고 달려드는 하이에나들. 자신의 털이 수북수북 빠져나가는 것도 모른 채 오르트 구름을 잡겠다고 삶을 행복하게 탕진하고 있다.

필리핀 어느 카지노에 도착했을 때였다. 호텔 로비를 향해 걸어가는데 경고문이라는 안내판이 문 앞에 떡하니 버티고 서 있다. 맨 위에는 영어로, 그다음엔 한국어로, 다음엔 일본어, 맨 꼴찌가 중국어 순이다.

"먼지가 쌓인 자동차를 빨리 찾아가시오. 답이 없으면 처분하겠음." 얼마나 많은 한국 사람이 고급 승용차를 저당 잡히고 찾아가지 않으면 저토록 2등에 등극했을까? 쯔쯔쯔~ 참 씁쓸했다.

7. 필리핀

바로 저 배다.

양옆으로 이상하게 막대기를 엉성하게 이어붙인 배!

뒤뚱거릴 것 같은 저 배를 타고 바다로 나간다. 호핑투어는 텐션을 끌어올릴 필요 없는 바닷물 축제다.

늦은 나이에 월급을 타는 대로 모아서 가족 여행을 계획했다. 남편 돈이 아닌 생전 처음으로 내가 통째로 쏘는 거다. 자랑스럽게 세부로 떠난다. 큰딸네는 미국에서, 아들네는 영국에서 세부로 직접 오고. 서울에서는 우리와 막내딸 가족이 함께 움직인다.

가장 하이라이트는 아무래도 저 배를 타고 한 30여 분쯤 달려 수심이 깊은 바다에 도착했을 때다. 울트라마린 수면 위에서 춤을 추는 빛의 조각들. 그 윤슬들! 바다는 파랗다 못해 눈을 파랑색으로 찌른다. 시아버지 시어머니도 수영복 입고 풍덩. 초콜릿 복근 사위들과 수영 선수 며느님도 수영복으로 풍덩. 아들 딸 손자 손녀들(준희·복희·정은·보람·영주·준수·재은·재현·지민·우진·우승·우겸)도 풍덩풍덩 푸웅덩~ 까르륵까르륵~~~.
여행의 햇볕에 그을리며 시원한 해방감을 만끽한다. 축복으로 두근대던 가슴의 고동 소리가 가라앉은 뒤에야 바다의 넓고 깊은 숨소리를 듣는다.

마닐라 근교다.
세계에서 가장 작은 활화산에 간다.

타알 화산이 유명한 이유는 화산 안에 호수가 있고 또 그 안에 화산이 또 있어서다. 15분 정도 보트를 타고 타알 호수를 건넌 후에 작은 말을 타고 가파른 길을 올라가면 따알 화산(Taal Volcano)의 정상에 도착한다.

말을 타고 가다 보니 털과 털 사이사이에 송글송글 땀이 가득 맺혀 있다. 미안해 미안해 라고 말하자 내 체중도 미안하다고 말한다. 너무 안쓰러워 중도에 내려 터벅터벅 걸어간다. 몸은 좀 피곤해도 마음은 가벼워진다. 하와이와 비교는 안 되지만 지금도 자그마하게 화산 연기가 몽글몽글 피어오르고 있다.

아, 그리고 잊지 못할 사건!
대학 동창들과 갔을 때다.

가이드가 할머니였는데 돌아오는 비행장에서 그동안 찍은 사진이라며 큰 봉투 하나씩을 안긴다. 꺼내 보니 A4 용지 크기의 사진들이 수두룩하다. 그걸 물리지 못하고 바가지 쓰고 가지고 오며 엄청 투덜댔다. 30여 년이 지났다. 다른 여행 사진은 잘 보이지 않는데 ㅋㅋ 이 대형 사진들만 노안을 반겨 주고 있다. 이 세상에 다 좋은 것도 다 나쁜 것도 없나 보다.

스무 번의 하루 그리고 다섯 개의 이야기

1. 스위스

여기는 스위스!

일상의 분주함을 던져 버리고 한가로이 산책하는 외국인 여행자. 곧장 여유로 바꿔 입는다. 터치 터치! 스위스로 덧칠해 나가는 일정이 그림인지 CG인지. 토발론 초콜릿 겉 포장에 그려진 체르마트의 마터호른산을 본다. 만년설이 켜켜이 쌓여 있던 사진과는 달리 내가 본 산은 눈이 많이 녹아 있다.

내 예상은 완전히 빗나갔다. 그러나 푸르른 초원에 동화처럼 아름다운 집, 구불구불하게 초원을 가로지르는 길, 평화롭게 풀 뜯는 소들의 워낭 소리의 풍경들은 이미 여행의 파도를 타게 한다.

"저 알프스의 꽃과 같은 스위스 아가씨~ 귀여운 목소리로 요를레이띠~ 발걸음도 가볍게 산을 오르면~ 목소리 합쳐서 노래를 하네~ 그 아가씨 언제나 요를레이띠~ 요를레이띠~~"

요들송과 눈치껏 한자리 차지한 초원의 워낭 소리가 뭉게뭉게 왁자하다. 소 떼들 옆으로는 빙하가 녹은 차가운 에메랄드빛 호수가 있고 그 물에 손을 담그자 내 마음의 뼈까지 에메랄드빛으로 물이 든다.

물들어 내 그림자까지 푸르러진대도 저 노랫소리 저 워낭 소리 마냥 들을 수 있다면 제라늄과 함께 여기 살아도 좋겠다.

숭어와 은어가 반짝이는 여름! 유람선을 타고 소피아 로렌의 별장을 지나간다. 은빛 물결을 부수는 여름을 외치고 다녔던 호숫가의 그 윤슬을 어찌 잊을까?

해발 3,020m 티틀리스봉으로 회전원형 케이블카를 타고 오른다. 360도로 빙빙 돌며 오른다. 사방 시원한 개방감의 뷰는 완전 비명지를 각이다. 녹지 않는 정상의 얼음 동굴과 오래된 눈 속에 묻혀 잠깐 한여름의 설국을 만끽한다.

소설 「데미안」 「싯다르타」로 우리들의 젊음을 허비하게 했던 구도자 헤르만 헤세의 자취를 따라간다. 헤세가 루가노 호수를 바라보며 명작을 쏟아 내던 곳이 바로 몬타놀라다.

헤세는 독일인으로서 동양적인 사색과 철학에 깊이 몰입하였으며 카

를 구스타프 융과 편지를 주고받으며 서로의 예술과 철학을 고양시켜 나갔다.

"나의 생애는 무의식의 자기실현의 역사다."라는 문장으로 시작되는 「융의 자서전」은 「데미안」의 "모든 사람에게 진정한 소망은 자기 자신에게 도달하는 것이다. 일찍이 그 누구도 완전히 자기 자신이 되어 본 적은 없기 때문에…"와 맥이 일치한다.

그의 16그램인 영혼은 몬타뇰라의 교회 묘지에 묻혀 있으며 세 들어 살던 집은 박물관이 되어 헤세의 수채화와 타이프라이터, 인도 의상 등이 책과 편지와 함께 전시되어 있다. 융의 권유로 그림을 그리며 상처를 치유받았던 한 정신은 지금도 우뚝하다.

중세의 향기가 짙게 밴 취리히. 융 연구소가 있는 문화예술의 도시 취리히! 인구 35만의 도시인데도 박물관이 50여 개, 미술관과 화랑도 200여 개가 있다.

취리히 미술관은 그중 압권이다. 입구에는 청동으로 만든 로댕 조각품 〈지옥의 문〉을 지나자 전율이 돋는다. 특히 내가 좋아하는 조각가 알베르토 자코메티의 작품만 모아 놓은 전시실은 보고 또 보아도 질리지 않았다.

또한 시계 역사를 소개하는 시계박물관에 들어서니 눈부신 시계들이 윙크를 해댄다. 와아~~ 하나 사고 싶당.

아름다운 꽃다리 카펠교의 다리 끝에 기다리고 있는 루체른. 루체른의 고풍스런 옛 고성에 짐을 푼다. 호텔 로비에 전시 중인 그 옛날

성주가 타고 다녔던 마차에 올라 사진 한 컷! 저녁을 먹고 마을 산책에 나선다.

어머어머~ 세상에~ 이런 행운이 기다리고 있을 줄이야. 3개월에 한 번씩 열린다는 마을 야외음악회를 만난 것이다. 전통의상을 입은 야외음악대의 음악에 맞춰 춤판도 어우러졌는데 바로 그곳에서 5개의 알프호른이 부우우웅~~ 산골짜기들을 울리는 소리를 듣게 된 것이

다. 3.5m로 기다랗고 근사한 중저음을 내는 악기의 포즈, 대박!

　이 자연의 소리는 처음 듣는 사람의 마음도 푸근히 안아 주는 매력이 있다. 다음 날 아침, 시선을 사로잡는 9m 높이의 초콜릿 분수부터 세상에서 가장 큰 린트 초콜릿 숍까지 있는 거대한 박물관을 구경한다. 달콤한 초콜릿을 하나 들고 꽃다리 투어에 나선다. 맥가이버 칼과 제일 작은 수제 뻐꾸기시계를 사지 않을 수 없었다.

2. 벨기에

　햇살의 각도가 만상을 내려놓자 모든 건물에 불이 켜진다. 좀 쉬어야겠다. 많이 걸었다. 지하철에서 내려 늦지 않으려고, 약속 시간에 맞추려고, 친구들에게 뒤지지 않으려고, 강의 시간에 맞춰 빨리 걸었다.
　이곳 벨기에서는 샹송가수 놀웬 레로이와 로베르토 알라냐와 함께 걷는다. 외로움과 쓸쓸함과 슬픔의 세 박자로 변장한 음악 〈느므끼드바(날 떠나지마)〉를 들으며 걷는다. 서로 마주 보며 간절한 눈빛으로 부르는 느므끼드바가 이젠 어엿한 동반자가 된 것 같다.

　벨기에 하면 생각나는 건?
　오줌싸게 동상, 초콜릿, 와플, 맥주 그리고 거리의 초대형 꽃 카펫이다. 우리 동네 길만 건너면 편의점이 있는 것처럼 여긴 길만 건너면 초콜릿 가게가 있다. 브뤼허 종탑 앞이다. 브뤼셀은 정말 초콜릿에 진심인 곳이다. 초콜릿을 즐기지 않는 나도 살 수밖에 없는 독특한 비주얼이다.
　그 많은 중에 휴대폰 모양의 초콜릿과 뜨거운 우유에 넣어 녹여서 먹는 스푼에 초콜릿이 달린 상품이 유독 내 시선을 사로잡는다. 유

명한 곳도 좋지만 이렇게 가끔은 순간적으로 끌리는 곳에 멈추는 것
도 은근 맛나고 재미있다.

　오줌싸게 동상은 솔직히 너무 작다. 5년 만에 만나는 오줌싸게 동
상. 그때와는 다르게 이번에는 의젓하게 한복을 갖춰 입고 머리에 갓
까지 쓰고 있다. 너무 반갑다. 그 옆으로 돌아서면 앉아서 오줌싸는

소녀상도 있는데 소녀는 외면당한 채 쓸쓸하게 지금도 오줌을 싸고 있는데….

 벨기에에 도착했을 때 젤 보고 싶은 건 사실 브뤼셀의 그랑플라스 광장에 펼쳐진다는 초대형 '꽃 카펫'이었다. 세상 어디에도 없다는 싱싱하게 단 며칠만 살아 있는 생화 카펫!
 아름다운 빨강, 노랑, 하양, 분홍, 주황색 베고니아 80만 송이와 보라색 달리아, 초록색 잔디가 17세기 카펫을 설치하기 위해 매년 약 1,000명의 자원봉사자가 나흘에 걸쳐 작업을 한다는. 전날 밤 길몽을 꾸었나?

 이번 여행이 꽃축제 기간에 끼었다니… 눈물나도록 고맙게도 드디어 그 꽃 카펫을 보고야 말았다. 행운의 여신이 계속 곁에서 머물며 찬스를 잃지 않도록 격려해 주는 것 같다. 오늘도 변함없이 도시의 하루가 피고 지고 있었다.

3. 네델란드
 일출은 보기 글렀구나~ 생각하며 꾸무룩한 벨기에에서 2시간 만에 네델란드에 도착했다. 내 마음의 아쉬움 대신 이걸 줄게~ 하며 색색의 튤립을 내민 풍경. 그래 이 정도면 족하고 족하도다.
 하기야 내가 누군지도 모르고 스물을 세 번씩이나 건너왔는데 뭐 있어… 와아~~ 물개박수를 치며 누군가가 말한다. 여행은 장소를 바꾸는 것이 아니라 생각을 바꿔 주는 것이라고. 오호라~ 그래, 그렇군!

암스테르담을 제대로 즐기기 위해 복잡한 운하를 따라 천천히 움직이는 천정이 투명한 유람선을 탄다. 운하에 쭉 늘어선 보트하우스를 본다. 하얀 레이스가 달린 작은 창, 베고니아가 놓인 현관. 아기자기 예쁘기 그지없다.

부채꼴로 이어진 운하를 따라가다 보면 17세기 암스테르담의 낭만을 고스란히 느낄 수 있다. 트램과 자전거와 유람선을 타고 운하의 낭만을 즐기며 도시의 아름다움을 완성하는 사람들. 고흐, 몬드리안, 베르메르, 램브란트, 프란스할스 등 미술가가 태어난 도시! 왠지 이곳에 사는 사람들은 행복지수가 높을 것 같다.

반 고흐 미술관에는 빛의 미스트를 받은 〈해바라기〉, 〈아를의 침실〉, 〈자화상〉 등 유화 200여 점과 소묘 500여 점과 동생 테오와 주고받은 편지가 금방 도착한 것처럼 생생하게 놓여 있다.

4. 캐나다

벤프의 빙하기를 건너/자작나무 숲길을 지나
물안개 피어오르는 아침에/그를 만났네
칩거 중이라는 소문과 달리/에메랄드빛 망토를 입고 서 있는
루리스는 여전히 아름다웠네
숨이 막혔네/그의 품에 안겨 그의 체취를 느끼는 순간
돌처럼 굳었던 마음조차 풀어져
단번에 그의 아이를 만들고 싶었네/사랑이라는 생명의 물감을 곱게 풀어
빈집에 그림 여러 장 그리고/지구가 흔들리도록 싱그럽게 웃어 대는
건강한 아이들을 키워 보고 싶었네.

_윤향기 〈레이크 루이스〉 전문

: 레이크 호수 옆에 있는 페어몬트 샤토 레이크 루이스 호텔

지금 내게 무얼 하고 있냐고 물어보세요.
쏟아지던 비가 말끔히 갠 싱그러운 아침.

로키산맥을 타고 내려온 바람 자누크의 〈넬라 판타지아〉가 끝나자 '옛날에 금잔디~~' 〈메기의 추억〉을 크게 틀어 놓고 창밖을 멍하니 바라본다. 참 조용한 매직아워!

여행자를 따뜻이 환대하고 반겨 주는 레이크 호수는 실내에서 원형창을 통해 보는 뷰가 더 압권이다. 즐거워서 행복하고, 행복해서 아름다운 이런 일탈은 에메랄드빛 레이크 호수 빛으로 더욱 환해진다.

한 장의 붉은 낙엽으로 기억되는 캐나다.
단풍나무가 새가 되어 난다. 단풍나무의 문장을 실은 새의 노랫소리가 사람들의 마을로 떠난다. 호모노마드가 서성이다 바라본 캐나다의 첫 인상은 맑고 깨끗하고 아름답다.

시인 조지 존슨의 애절한 실화를 노래한 시 〈메기의 추억〉은 테네시주의 스프링타운에 기념비로 세워져 있다. 존슨과 메기가 즐겨 거닐던 호수와 개울, 베이지 꽃이 수줍게 피어 있는 동산에서 결혼을 한다.

하지만 물레방앗간의 꽃보다 더 아름다운 단풍을 남기고 신혼 일 년도 안 되어서 메기는 폐결핵으로 세상을 떠난다. 세월이 흐른 어느 날 백발의 존슨이 스프링타운에 돌아와 "가장 먼저 핀 대지의 향기 풍겨 온 그곳에 푸르른 나무는 언덕에서 사라졌지만 개울의 흐름과 물레방아도 그대와 내가 젊었을 때 그대로구나!"라며 옛 추억에 젖는다.

밴쿠버. 빅토리아섬 안에 있는 '부차트 가든'을 들어서자 반갑게 태극기가 손을 흔든다. 백 년이 넘도록 꽃을 피우고 있는 이 정원은 한 해 동안 100만 명 이상의 관람객들이 모여든다.

닮은 듯 다른 재패니즈가든, 차이니즈가든, 이탈리아가든, 지중해 가든은 꽃 속의 길로 구역이 나누어져 있어 사계절 내내 꽃들이 잔치를 벌이는데 안타깝게도 코리아가든은 보이지 않아 섭섭하다. 세상에서 가장 아름다운 이 정원은 가는 곳마다 위안과 감동을 주는 나무와 꽃들의 별천지다. 내 눈앞에 보이는 세상이 경이롭다.

걷느라 잠시 딴 생각을 할 땐 가까이 피어 있는 꽃들도 그냥 지나칠 때가 많은데, 내가 먼저 눈길을 주지 않아도 꽃들은 향기로 먼저 말을 건네 오곤 한다. 꽃의 향기는 백 리를 가고 술의 향기는 천 리를 가고 사람의 향기는 만 리를 간다죠.

꽃들도 저마다의 향기를 지니고 있듯 사람도 자신만의 향기를 지니고 있다. 그대와 나의 사귐도 오래되면 진짜 사람의 향을 맡을 수 있다. 부드러운 사람의 향기는 천 리, 만 리를 건너 우주까지 품을 수 있으니까. 나이 들어가면서 저 많은 꽃 중에 나는 어떤 꽃의 모습을

닮아 은은하고 귀한 향기를 지닐 수 있을지….

스탠리 공원 숲 입구에는 컬러풀한 인디언 천하대장군들이 길쭉길쭉하게 하늘을 찌르며 서 있고 순록 떼들은 천연스럽게 사람을 보고도 놀라 달아나지 않아서 오히려 내가 깜놀했다.

매력적인 산악 마을 벤프다.

티켓팅을 하고 곤돌라를 타고 스키장 정상에 내리자 로키산맥이 한눈에 다 들어온다. 뻥 뚫린 광활한 풍경, 계곡 겹겹이 걸쳐 있는 눈들을 보니 탄성이 절로 나온다. 날씨마저 내 편이다. 목욕을 금방 마친 오드리 햅번 얼굴이 이럴까? 말끔하게 면도를 막 끝내고 두둥 나타난 브래드 피트가 이럴까? 낭떠러지 능선 위에서 자연이 내려 준 선물을 냉큼 받는다.

그 감사한 마음이 어찌나 크던지 오금마저 저려 온다. 안구 정화는 필수, 망막이 황홀하다.

한생이 영속할 것처럼 애쓰고 살다가 이런 눈부신 풍경을 만나니 만감이 교차된다. 곧 별나라로 돌아갈 존재라는 걸. 소중하고 헛된 것이 무엇인지 잘 구별하고 살라고 저 눈부신 하늘을 보여 주는 게 아닐까? ㅋㅋ 글을 쓰는 지금도 내 발끝은 생생하게 저곳을 걷고 있나니.

중국식 표정이라는 스펙트럼

꽃은 늘 웃고 있어도 시끄럽지 아니하고
새는 항상 울어도 눈물을 보이지 않으며
대나무 그림자 뜰을 쓸어도 먼지가 일지 아니하고
달빛이 물밑을 뚫어도 흔적이 없네.

_송대 야부 스님의 禪詩

물빛이 어리는 위의 시는 내가 평생 마음속에 모시고 산다. 나로서
는 상상도 할 수 없는 초월적 경지! 매번 감탄하면서… 선사들은 생

과 사의 문제를 깨치고 나면 일상의 논리를 넘어 움직임이 없고, 흔적이 없는 세계로 직진하나 보다. 일상을 낯설게 보는 낯설은 시인이야말로 일상에서 새로운 것을 발견하는 견자라더니 왜 중국에서 기원전 5, 6세기에 「시경」이 탄생되었는지 알 것만 같다.

베이징의 랜드마크인 자금성에 들어섰을 때 하필 왜 이 시가 생각났을까? 영화 〈마지막 황제〉의 배경으로 유명한 명청 시대의 황실 궁전. 24명의 황제가 기거했던 궁으로 9,000여 칸의 방으로 이루어진 지금은 박물관이다. 그 많던 궁녀들의 웃음소리도, 대빗자락 소리도, 발자국 소리도 모두 사라지고 호젓하게 마음 다듬고 있는 박제된 공간이라서였을까?

천안문을 지나며 문화대혁명 때 검열과 삭제의 칼날에 탄압당하다 2,100여 수의 울분에 찬 시를 쓰고 요절한 시인 구청(1956~1993)의 짧은 시 〈한 세대 사람〉을 읊어 본다. '어둔 밤은 내게 검은 눈동자를 주었다/나는 오히려 그것으로 세상의 빛을 찾는다.' 번쩍! 정수리가

환해지는 시! 즉 자유를 빼앗긴 석탄은 어두운 얼굴로 잠들지만 그
영혼에 불을 붙이면 찬란한 광명으로 깨어나 세상을 환하게 비춘다
는 의미의 시! 맞다. 인간은 자기 생각의 노예지만 시인은 자기 생각
의 주인이라 그렇다.

　그날 저녁 뮤지컬 〈금면왕조〉를 보러 하늘 닿은 공연장에 들어선
다. 저녁의 입구를 휘파람으로 막아 주는 어둠. 장예모 감독의 중국
고대 신화가 모티브다. 출연진이 예사롭지 않다. 의자에 몸을 기대고
배우들이 얼굴에 쓴 금빛 가면에 취한다. 금빛을 바라보다 노랗게
물들어 가는 나, 나의 몸이 차갑게 미끄러워진다. 손톱을 세워 두 볼
을 긁어 본다. 매끈하던 표면이 금세 무결하지 않다. 눈빛은 가볍고
귀를 찌르는 노래는 그러나 따뜻하다.

　그 순간 극의 흐름을 클라이맥스로 올려 주는 수십 톤의 물이 무
대 위로 쏟아진다. 청천벽력의 굉음으로 폭포처럼 내려치는 물폭탄은
사방팔방으로 튀기며 내 몸을 범람한 후 끝내 이름을 바꾼다. 거칠

것 없이 흐르는 긴장감과 현장감이 혼란스러움과 비장함을 담아낸다. 나는 물이 어둠에 거는 말을 듣는다.

호텔로 돌아가다 아쉬워 거리 카페에서 핫초코를 마신다. 핑크뮬리보다 더 부드럽게 스며든다.

서태후가 너무너무 사랑해서 마지막 죽음을 맞이했다는 황실정원인 이화원은 하룻밤 사이에 건설했다는 전설을 갖고 있다. 서태후를 위한 경극 공연장 덕화원 앞에 용머리, 사자꼬리, 사슴뿔, 곰 발바닥 형상들이 아침 햇살에 빛난다. 모택동 기념관 안은 수십여 개의 CCTV가 관람객의 잔 근심과 후회까지 일거수일투족을 감시한다. 청동의 고요 속에 이승을 잘 걸치고 누워 있다. 아직도 살아 있는 것처럼 방부 처리된 모택동의 볼 빛깔은 완전 핑크빛이다. 위대한 모택동!

다음 날 저녁이다. 예전에는 국가 원수급들이 찾았다는 극장에서 경극을 본다. 가장 인기 많은 공연은 단연 변검술이다. 중국의 국보급 변검술사인 왕따오정은 한 공연에서 가면을 24번 바꾸는 신공을 선보여 유명해졌다.

인터미션이 되자 무대에서 내려온 변검술사가 객석 여기저기를 돌며 서비스를 한다. 변검술사의 화려한 접근은 아주 이색적이다. 관객 바로 앞에서, 옆에서, 혹은 뒤에서 순간적으로 색색의 다양한 표정으로 가면을 바꾼다. 그 실력과 존재감이 너무 압도적이었던 나머지 정말 아무리 두 눈을 크게 뜨고 보아도 그 순간을 결코 잡을 수 없었다. 도파민도 놀라서 기가 찬다.

중국인들은 인간세계의 선경, 동화 속 세계, 지상 최고의 낙원이라는 수식어 쓰기를 좋아한다. 그중에서도 꾸준히 사랑받는 곳이 구채구와 샹그릴라다. 구채구는 한 지역에 세계 9개 나라의 비경이 조그맣게 조그맣게 자리잡고 있어서이다.

샹그릴라란 제임스 힐튼의 아름답다로 시작하여 대단하다로 끝나는 소설「잃어버린 지평선」에 나오는 히말라야 속 어느 마을로 '내 마음속의 해와 달'이라는 뜻이다. 그대가 여행하는 불가사의한 선경의 샹그릴라는 가짜 유토피아다. 그런데도 그곳이 만들어 낸 관광지라는 걸 알면서도 이 매력적인 샹그릴라라는 단어를 들으면 왠지 이상향 같은 이미지가 떠오른다.

가는 곳마다 구채구 풍경은 그냥 자연이 그린 한 폭의 산수화다. 아름답다는 표현보다는 빨려 들어간다가 어울린다. "아~ 좋다. 어머~ 어쩜!"이라는 비명이 툭툭 튀어나온다.

계림의 산들이, 지상을 유람하던 신들이 여기저기 마구 싸 놓은 작은 똥 덩어리라면 장가계는 다시 천상으로 올라가기 위해 만든 쭉쭉 뻗은 최고의 기둥들이다. 계림이 아기자기한 종교라면 장가계는 웅

혼스러운 종교다. 풍경 종교들은 강요하거나 꾸짖지 않아 좋다. 나무는 나무의 언어로, 강물은 물의 언어로, 하늘은 구름의 언어로 소통해서 그렇다.

한 가지 언어만 사용하는 장가계를 오르던 중 다리가 너무 아파 인력거꾼들이 메고 가는 나무 의자에 앉았다. 두 사람이 앞뒤에서 의자에 앉은 나를 어깨에 메고 층층계를 오르는데 숨은 헐떡이고 땀을 비 오듯 흘린다. 더 이상 의자 위에 앉아 있기가 너무 힘들다.
이때처럼 내 큰 키와 내 몸무게가 거추장스러워 보인 적은 없다. 그저 그 노동에게 너무너무 미안하다. 목적지 반도 오르지 않았지만 난 과감히 내려와 처음 예약한 돈을 지불하고 내 다리로 걷기 시작한다. 마음이 얼마나 편안한지 천당이 따로 없다.

3억 8천만 년 전 장가계 속 봉과 봉에 둘러싸여 형성된 비경의 호수를 배를 타고 흐르다 보면 곳곳에 정자를 만들어 놓고 소수민족 의상을 입은 무희와 무동들이 즉석 공연을 한다. 완전 관광용 서비스다.

장가계에서 검은 나무로 만든 미인 빗과 나무색으로 만든 미인 빗 두 개를 샀다. 부엉이가 두 눈을 말똥말똥 굴리고 있는 가방 여러 개도 샀다. 선물용이다.

나무도 물고기의 집이 될 수 있다는 걸
나무도 물고기의 적막한 무덤이 될 수 있다는 걸
구체구(九寨溝)에 가서 호수의 말을 듣고 알게 되었네

호수 속에 천년을 누운 아름들이 전나무가
젊음이 무심히 빠져나간 그립고 아득한 한때와
아득한 그리움 속으로 들랑거리던 어린 물고기들과
안단테 꽃 벙그는 속도로 이야기했다지

멀리서도 보였던 곧고 높았던 직립의 시간들이
흰 차도르를 두른 꽃잎처럼 무심히 떨어져 내려
호수를 환하게 만드는 것은
칸타빌레 달빛이 아닌 콘트라바순 꽃빛이었다지

호수 속에 깊이 잠긴 로망스의 쓸쓸함과
가을비에 살점 뜯긴 채 적멸을 뒤적이던 바람이
빠르지도 느리지도 않게 조랑말의 속도로 사라지자
텅텅 울며 전나무는 물고기 무덤이 되어 갔다지
무관심을 잃은 채 천년 화석이 되어 갔다지

나무도 물고기의 집이 될 수 있다는 걸
구채구에 가서 호수의 말을 듣고 알게 되었네.

_윤향기 〈물고기 무덤에 대하여〉 전문

: 머리빗

청도! 당나라 옛길을 천천히 걷는다. 길가의 들꽃들도 천년 전 시를 흥얼대며 노래하는 곳.

상쾌한 바람이 천 개의 녹음으로 내려앉는 곳. 가빈(嘉賓)을 위해 흩날리는 구절초 보리지 꽃잎을 쓸지 않는. 한낮의 뜨거운 이마 위로 미루나무 그늘이 멈춰 서는 곳. 성근 그물도 없이 도연명이 세월을 낚는 대아당(大雅堂)을 품에 안고 대 바람 빈 소리를 주워 담아 저기 달을 짓고 있는 이태백 좀 보소. 노을 평상을 비스듬히 베고 누워 시를 읊는 백거이 또한 오라(aura)가 장난이 아니다. 어린 나귀의 날개를 타고 서역으로 날아가는 대자유 시인인 왕유. 취두부 종소리를 휘돌려 감고 일필휘지로 수양버들의 춤을 추는 굴원의 도포 소매가 반갑게 나의 손을 이끈다.

그의 시향에 홀려 나의 발길은 나도 모르게 두보화경(杜甫花徑)이란 미지의 세계를 돌고 있다.

시와 시 사이에 존재하는 침묵. 언어가 끼어들기 어려운 순간과 이런 시간을 온전히 누리기 위해서는 나라는 미지의 세계를 먼저 통과해야 한다.

　그들을 심어 놓은 두보초당 연못에 가면 흘러가도 흘러가도 또 오고야 마는 처음과 같은 새벽과 연잎 위를 초로롱 초로롱 미끄럽게 돌고 도는 물방울의 어린 시간과 아무도 본 적 없는 비취색 목어의 그림자가 속삭이는 소리는 다름 아닌 나 자신의 목소리였다. 그뿐이랴. 산 하나를 통째로 조각한 낙산대불을 만든 염원은 또 무엇이었을까? 그 모든 염원을 빙빙 돌아 층층계단으로 내려갔다 다시 올라오며 마주한 풍경 뒤에 숨긴 건 그러나 아무것도 없었다.

　아침 해가 드라마처럼 펼쳐진다. 기념으로 만리장성을 걸어 올라간다. 세상에나~ 내가 디디는 검은색 돌 벽돌마다 가운데가 쑤욱 쑤욱 패어져 있다. 그래 빗방울도 바위를 뚫는다고 야부 스님이 말씀하시지 않았는가. 하물며 인간의 무게가 지나가는데 어찌 패이지 않았겠는가.

　어제는 바다에서 올라온 도시 상해의 노신 공원을 걸었고 오늘은 무릉도원을 너무 걸었다. 오후가 되자 무릉도원을 넘겨다본 것이 내

왼쪽 발인지 나의 오른쪽 발인지 발바닥이 화끈화끈 욱씬거리기 시작했다. 호텔에 일찍 들어와 욕조에 몸을 담궜다.

차 한잔 마시고 천년 된 바람을 만날 겸 다시 호텔 복도로 나서니 부재중의 낯선 시간들이 이 문 저 문에서 전생의 연인 같은 나를 힐긋 본다. 최첨단 도시 상해의 그 유명한 스팟에서 몇 장 찰칵! 상해는 중국의 미래를 비춰 준 거울 같은 도시였다. 상해 임시정부를 들르지 못한 것이 못내 아쉽기만 하다.

중국의 너른 땅에는 56개의 소수민족이 있다. 그중 한족이 92%를 차지하고 최근에는 예전에 없던 검은색 소수민족도 생겨났다 한다.

결혼 없이 연애만 하는 모수오족이 있는가 하면, 남편을 다섯 명이나 맞이하는 모남족도 있다. 카~ 일처다부제라!

고향 갈 일이 있어 용산역에 다다르면 출발하기 전 2층에 있는 마라탕 집을 찾는다. 배가 출출할 때 중국에서 먹었던 맛이 생각나면 나는 이 음식을 먹는다. 아주 맵지는 않게. 양고기를 추가하고 청경채, 쑥갓, 죽순, 어묵, 새우, 건두부, 쌀국수를 저울에 올린 후 계산을 마치면 주방으로 그 재료가 들어가 국물을 첨가하여 커다란 볼에 뜨겁게 나온다. 육수가 별미를 이룬다. 얼큰 담백한 맛을 즐기고 원두커피를 챙겨 기차에 오르면 격하게 행복이 몰려온다. 소중한 것은 눈에 보이지 않는 법. 행복한 것은 타인의 이름으로 와도 괜찮다. 그 이름표에 그 흔한 나이테나 우체국 소인이 찍혀 있지 않아도 괜찮다.

각설하고 90년대 처음 중국 여행 갈 때는 두루마리 휴지가 여행 준비물 중 필수품목이었다. 연민, 동정이라는 불편함을 견지했던 시기를 생각하면 참으로 여러 가지가 눈부시게 발전한다. 격세지감이다. 느리고 둔했던 모습에서 변검술사보다 더 빠르게 얼굴을 바꾸고 있는 중국, 빠르게 변화한다. 정말 놀랍다.

낙타 타고 낙타 타고 실크로드 갈 날을 기다리며….

일본

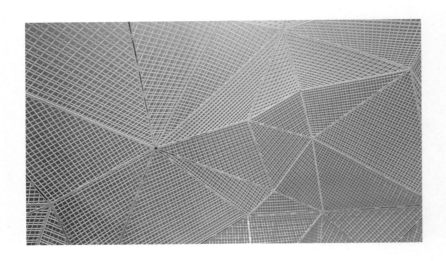

후쿠오카 형무소 뒷담에 서시를 널어놓고

흐려지는 새들의 발자국을 펼쳐 놓고

자화상의 울음을 말린다

패·경·옥·기별을 개켜 놓은 제단에

긴 다리를 쭉 펴며 눕는 백골

후두둑 빗방울이 내린다

나가사키 구라바 공원에 999년 세 든 집

떠난 이별은 올 생각이 없는데

아침상 차려 놓고 울고 있는 나비부인

비애의 뒤편은 언제나 검은색이다.

_윤향기 〈봄雨, 다크 투어〉 전문

　윤동주 시인의 발자취를 찾아서 2018년 6월. 일본 후쿠오카로 문
학기행을 떠났다. 윤동주가 옥사한 후쿠오카 옛 형무소 담벼락에
조촐한 제단을 차리고 그의 시를 낭송한다.

　프랑스어와 일본어로 번역되어 사후에 더 환대를 받는 그가 진정
자랑스럽다. 조국이 없어 비명 한번 지르지 못하고 사라져 갈 때 그
얼마나 마음에 질풍이 휘몰아쳤을까? 불안과 공포의 정령들에게 얼
마나 또 물려 뜯겼을까? 그를 위해 올 한 해 동안은 잠들기 전에 꼭
〈서시〉로 기도를 올려야겠다.

　원폭평화기념관을 지나 약간의 언덕을 걸어 오르기 시작하자 옆으
로는 상가가 밀집되어 있다.

　구라바엔 정원은 푸치니의 오페라 〈나비부인〉의 배경이다. 나비부
인 향수, 나비부인 양산, 나비부인 카스테라로 문화를 파는 동네. 초
초상과 핑커톤이 신접살림을 차린 집. 게이샤인 나비를 위해 999년
동안 빌린 바다가 내려다보이는 전망 좋은 이 집에는 초초상이 쓰던
화장대와 집기들, 아들을 안고 있는 사진까지 금방이라도 나비부인
이 나타날 것 같았다.

오페라 배경에 눈물짓다가도 허기가 엄습하니 나가사키 짬뽕을 안 먹을 수가 없다. 유명하다니. 서울의 칼칼하고 매콤한 맛은 잊고 해산물, 야채, 돼지고기가 조화롭게 들어간 뽀얀 국물에 반한다. 따스한 고물거림이 발끝에서부터 차오른다.

든든한 배를 안고 나가사키 시내에서 남서쪽 약 18㎞ 해상으로 배를 몬다. 자그마한 섬은 옅은 안개 사이로 희미하게 보인다. 저곳이 바로 1920년대부터 한번 발을 들여놓으면 살아나올 수 없다는 바로 그 섬. 일본 사람들은 '군함도'로 부르지만 당시 조선 청년들이 부른 그 섬의 이름은 '지옥도'였다.

섬을 자세히 보기 위해 섬을 한 바퀴 빙 돌았다. 시커멓게 솟은 고층 건물의 깨진 창문들이 음산한 느낌을 자아낸다. 광부들은 몇백 미터부터 2천 미터 이상 지하로 들어간다. 깊은 곳은 바닷물의 밑바닥보다 더 깊이 들어간다.
지하 갱도에서 채탄 작업을 할 때는 누구나 언제 죽을지 모른다는 두려움에 떨며 일했다. 땅속에서 올라오는 지열로 갱도 내부 온도는 50~60도까지 올라갔다.

미쓰비시 측의 인력수급 계획에 따라 그때그때 무작위로, 200만여 명이 강제징집되었다. 이들은 사망 후에도 미쓰비시 측으로부터 아무런 보상도 받지 못하고 소모품처럼 버려졌다.

당사자들에겐 해결되지 않은 오늘의 이야기다. 오죽했으면 영화 〈군함도〉가 만들어졌을까.

: 영화 <군함도>의 한 장면

일본은 어느 날 군함도를 메이지 유산의 가치로 인정해 달라고 유네스코 세계문화유산에 등재했다.

한국인 강제징용 피해자들의 사실은 한마디 언급도 하지 않은 채. 이 사실을 안 우리 정부가 노력하였지만 그보다 한 수 위인 일본 외교는 한번 지적 받고 나서 다시 몇 년 동안 조용히 유네스코를 구워삶아 결과는 다시 일본 쪽으로 기울어졌다. 아~~ 분통 터져~~ 라고 소리 지르자 규칙동사처럼 고요했던 바다가 놀란 갈매기 소리를 낸다.

"국경의 긴 터널을 빠져나오자, 설국이었다.
밤의 밑바닥이 하얘졌다. 신호소에 기차가 멈춰 섰다."

어느 해 겨울 소설 「설국」의 도입부에 들어갔던 적이 있다.

가가와현 앞바다에 있는 작은 섬 나오시마. 산업 폐기물로 가득했

던 섬에서 다양한 예술 작품들로 인기 관광지가 된 섬. 동네 자체가 아트다. 아트 섬에 도착하자마자 한눈에 들어오는 노란 호박과 빨간 호박이 welcome!을 외친다. 어떤 소란에도 끄떡없이 바다에 몰두하고 있는 쿠사마 야요이의 작품들, 그리고 땅속에 지어진 자폐적 미술관은 더욱 병적으로 고요하다.

이 지중 미술관은 건축가 안도 다다오가 나오시마 섬의 자연과 인간과의 관계 적립 장소로 설계한 곳이다. 자연과 빛이란 주제로 클로드 모네, 월터 드 마리아, 제임스 터렐 등 단 세 작가의 9개 작품이 전시되어 있다. 네 벽면은 아무런 장식과 무늬 없이 오로지 하얀 벽으로 남아 있어 작품을 감상하는 관람객의 집중을 오롯이 높여 준다. 안타깝게도 안도 뮤지엄은 촬영금지!

풍차 언덕을 지나 약 2,000그루의 올리브나무가 자라는 올리브 공원에 마음을 빼앗긴다. 구스타프 클림트, 에곤 실레와 함께 오스트리아 3대 거장으로 불리는 건축가 훈데르트바서의 흔적을 따라간다. 환경을 주시하는 그의 철학이 돋보이는 '훈데르트바서 하우스'와 쓰

: 귀이개

레기 소각장 '슈피텔라우'에서는 그의 화려한 색채와 곡선의 미학으로 인해 당연히 스페인의 건축가 안토니오 가우디가 떠오르고 제주 우도에 있는 그의 아름다운 미술관이 오버랩되었다.

한국이 낳은 세계적 미술가 이우환(1936~)은 대한민국의 조각가, 화가이다. 만들지 않는 미술 즉 돌, 철판, 나무, 유리 등을 본래의 상태로 전시장에 배치하는 '모노하'의 창시자다. 사물을 있는 그대로 내버려 두어야 비로소 다르게 인식될 수 있다는 동양사상으로 미니멀리즘의 한계를 극복한 분이다.

이우환 미술관은 동굴과 같이 반쯤 열려 있는 하늘이 보이고 자궁으로 돌아가는 공간과 죽음을 맞이하는 공간을 콘셉트로 했다한다.
미술관에는 그저 흙을 파내서 한 공간에 쌓아 올렸을 뿐인데, 산중턱에서 돌을 들어다 그 공간에 가만히 놓았을 뿐인데 사람들은 찾아와 말없이 조응하며 이 돌과 흙과 고생대의 대화를 고즈넉하게 나누고 있다. 이 또한 전생의 인연!

기억도 희미해져 가는 사진 한 장이 그날로 나를 소환한다.
오래전 일본 문학기행. 비취색 한복에 조바위까지 쓰고 시 행사장에서 시를 낭송했다.

선물 가게에서 눈에 띄는 동자승을 만났다. 대나무로 만든 가늘고 긴 귀이개 꼭대기에는 아기 동자승이 두 발로 서서 미소 법문을 설하고 있다. 지금도 귀가 가려울 때면 동자승은 가만히 말한다. 가는 말은 그냥 놔두고 오는 말은 새겨서 들으라고….

오겡끼데스까~~~.

치앙마이 한 달 살기

2023년 11월 20일

금 중에서 가장 가치로운 금은? ㅋㅋ 지금! 지금 치앙마이다. 11월에서 12월은 잎사귀로 건너가는 계절. 치앙마이가 한밤중에 불쑥 들른 나를 보고 망고 알보다 더 굵은 몽글몽글한 미소를 짓는다.

11월 21일

치앙마이는 태국 제2의 도시. 해발 335m의 북부 산간 분지로 란나 왕국의 수도였다. 과거의 역사가 현재의 낭만 옷을 입은 도시. 자연자연하고 여유롭고 인종차별 없고 물가 싸고 날씨 온화하고 쉽게 출입국이 가능한 도시.

학생수가 3만 명이 넘는다는 치앙마이대학, 그 드넓은 교정의 수많은 나무들과 눈을 맞추며 걸어 들어가는 동안 현재와 전통과 영원이 함께 지나간다.

작은 호수를 지나고 학부 건물들을 지나며 학생들의 미소를 만난다. 그들의 밝은 미소는 한 번도 부처님을 잊은 적이 없다. 작은 카페를 지나자 커다란 호수가 나타난다. 낯선 땅의 긴장감은 전혀 없다. 주변 풍경이 고즈넉하고 수심이 곱다.

그 유명하다는 이탈리아 레스토랑도 바로 곁에 있다. 학생들이 주고객이라고 얕잡아 보아선 안 된다. 내가 주문한 상식을 바르지 않은 건조한 검은 빵과 크림 파스타와 치킨 샐러드는 입맛을 끌어올리기에 알맞았다. 가격은 합리적인데 비주얼은 시내보다 월등했으므로 이탈리아 요리를 재해석한 오늘은 천국!

11월 22일

　가장 핫한 곳은 올드시티다. 올드시티 선데이마켓은 오후에 열리는 야시장이다. 하루의 밥을 향해, 하루의 밥을 위해, 하루의 밥이 되는 사람들! 밥 냄새로 가득 찬다.

　숯불에 지글지글 익어 가는 닭꼬치 밥, 찹쌀밥에 황금색 망고를 곁들인 이상한 조합의 밥, 고산족들이 들고 와서 파는 풍경 종소리 밥, 남자인지 여자인지 구분이 어려운 밥, 노을을 뜨는 기타 선율이 그대의 안부에 꽃을 피우는 밥.

　신이 맡겨 놓은 선물답게 밤 야시장은 외국 관광객과 이름 모를 연주자들로 난장이다. 침몰했던 추억을 부시시 깨우는 아보카도 주스로 목을 축이고 초현실주의 같은 불빛에 취해 어슬렁거리다 거리 화가와 눈이 마주쳤다.

　초상화 한 장에 얼마? 2만 원! 오케이. 30분을 작은 목욕탕 의자에 앉아 오가는 수많은 군중의 볼거리가 되었다. 주춤주춤 멈춰 서서 화가와 나를 번갈아 보다가 완성되어 가는 그림을 보고는 옹? 실물보다 너무 젊어~ 너무 예쁜데~. 나는 보이지도 않는 내 초상화를 보고 하는 품평은 한결같다. 그래, 보이는 것은 보는 자의 소유니까.

　주세페 아르침볼드가 사철 과일로 그린 〈루돌프 2세, Vertumnus〉를 보면 그 현상은 명백하다. 이 초상화에 대대로 물려받은 주걱턱은 사라지고 과일 미남만 남아 있으니….

　부풀대로 부풀어 오른 도시는 더 이상 늙지 못하고 밀랍에 쌓인 채 새벽 속으로 서서히 안장되어 가고 있었다.

호텔에 들어와 욕조에 더운물을 받는다. 다이소에서 사 온 거품제를 푼다. 뽀글뽀글~ 부글부글~~ 색색의 향연이 향기롭다. 내 감정을 가렸던 헛소리를 벗는다. 알몸에 큰 타올만 두르고 물에서 나오니 참으로 편안하다. 마릴린 먼로가 왜 잠옷 대신 NO.5 향수만 뿌리고 잤는지 알 것만 같다.

11월 23일

몸이 찌뿌둥하여 유황 온천 산깜팽을 찾았다. 치앙마이는 그립으로 만 원 정도면 어느 곳이든 갈 수 있다. 노천욕장과 구불구불한 반신욕장과 10m씩 솟구치는 간헐천은 압권이다.

소풍 온 학생들과 관광객은 너 나 할 것 없이 계란 바구니를 펄펄 끓는 온천에 넣어 두었다 꺼내 먹는다. 하하호호~ 재미가 쏠쏠하다.

잘 단장된 공원을 지나 두 사람이 들어가는 비싼 가족탕 표를 샀다. 안내양이 오솔길을 따라 전통 가옥이 줄줄이 서 있는 곳으로 데려갔다. 그 한 채가 가족탕인 줄 알고 기분이 좋아 들어가 보니 그 집을 네 등분한 공간으로 엄청 협소했다.

욕탕물을 틀고 몸을 담그자 세상에나 내가 전 세계를 다니며 맛본 그 어느 온천물보다 미끄럽고 좋았다. 짜증이 어디론가 사라져 갔다. 나이 들어 보니 알겠다. 더운 날씨에도 온천을 하면 시원하다는 것을….

계속 흐르는 땀을 시킬 겸 어름 녹차를 시켰다. 찻잔을 마주하고 나서야 찻잔이 나를 보고 있는 것을 알았다. 하늘 향해 열린 투명한 눈빛에 내 입술을 맞췄다. 녹차를 다 마시고 나자 어느새 내 안에 푸르른 하늘이 들어와 있었다.

11월 24일

코코넛마켓이다. 유튜브에서 보고 그토록 와 보고 싶었던 곳. 구름 걸린 코코넛 나무 사이로 작은 그늘막들이 먹거리와 기념품을 판다. 나도 모델처럼 쭉쭉 뻗은 초록 풍경에 담긴다.

젊은 날에는 신기한 물건에 덥석 돈을 지불했으나 이제 어지간해서는 지갑을 열게 되지 않는 나.

아이쇼핑 후 커피와 디저트를 들고 그늘막에 앉아 사람 구경을 한다. 한 떼의 나이 든 한국 관광객이 수선스럽게 떠난다. 잠시 후 웬 현지인 총각 하나가 핸드폰 하나를 들고 와 여기저기 주인을 찾는다. 아무도 선뜻 나서지 않고 있는데 툭툭이 운전수들 중에 하나가 일어나 그 핸드폰을 받는다. 뭐 그러려나….

한 10여 분이 지났을까? 아까 떠났던 차들이 다시 되돌아왔고 그

중에 한 부인이 사색이 다 되어 핸드폰을 본 사람 없냐며 묻고 다닌다. 툭툭이 운전수들은 시침을 떼고 있고. 내게로 와서 물어보는 부인께 '저분이 갖고 있어요.'라며 손으로 정확하게 그 운전수를 가리켰다.

부인은 눈물 어린 감사 인사를 남기고 떠나자 핸드폰을 빼앗긴 운전수는 나를 향해 초강력 레이저를 쏜다. 인생을 희극으로 만드는 풍경. 일일일선(一日一善)!

11월 25일
바람 시원한 저녁 호텔 옆 야시장으로 간다.

돌아오는 길에 멀리 반짝이는 재즈클럽. 클럽 문을 열었다. 생각에 잠긴 그랜드 피아노와 이미 와인을 따르고 있는 사람들. 나는 홀린 듯 흘러가는 대로 놔두라는 〈Let it be〉를 신청했다. 피아니스트가

야누스처럼 건반 위를 휘젓고 늙은 첼로가 엉덩이를 흔들며 밤을 활짝 열어젖히고 있다.

어떤 노래들은 너무 무거워서 사람을 짓누르지만 〈Let it be〉는 듣고 있으면 마음의 토네이도가 온순해진다. 우울하고 침통할 때 생을 무두질해 주는 바이브. 와인 병을 잡은 그가 목이 긴 잔에 와인을 따른다.

넌 어디로 가고 있니? 아무리 가진 게 많다 해도 너 자신을 가지지 않았다면 가진 게 아무것도 없는 거야.

11월 28일

라이스~ 라이스볼~ 라이스샷!

친구가 골프장에서 계속 외쳐 댄다. 잉? 쌀? 쌀볼? 쌀샷? 난 친구가 소리칠 때마다 두리번두리번 필드를 살폈다. 쌀푸대나 쌀떡, 쌀국수는 보이지 않았다. ㅋㅋㅋ 웃느라 점수는 엉망이 되고 말았다. 나를 통쾌하게 웃긴 '라이스'는 '나이스'의 새로운 버전이었다. 내일 아침엔 또 어떤 일들이 펼쳐질까?

11월 29일

입술에 물집이 생기기 전 코 밑이 먼저 간질간질대더니 붉은 수포가 솟아올랐다. 그것도 줄줄이… 핑강에서 풍등을 날리고 와서일까? 수영이 피곤했을까? 여기저기 쏘다닌 게 과했을까? 친구는 내 얼굴을 보며 코피다. 코피야~ 라고 놀리며 박장대소다.

11월 30일

툭툭이를 탔다. 목적지를 아는 듯 덜컹거리며 달리는 툭툭이가 낭만스럽다. 먼지 때문에 마스크는 필수. 한 일주일 가량을 교통비 아낀다고 먼지 나고 더운 툭툭이를 이용했다. 좀 더 아껴 보자고 여러 명이 타는 트럭 같은 쌍테우를 탔다. 그러나 시간이 지나면서 알았다. 에어컨 쌩쌩 나오는 그랩이 가장 싸다는 것을… 이런 이런!

12월 1일

여기는 불국토! 세 집 건너 황금빛 사원이다.

사원 지붕마다 극락조가 노래한다. 사랑할 때만 아름다워지는 새. 이슬만 먹어도 황홀한 목소리를 내는 새. 무엇을 보러 왔냐고, 누굴 만나러 왔냐고, 그대가 사는 곳의 풍경은 어떠냐고, 치앙마이 향취는 어떠냐고, 즐거우냐고, 극락조가 묻는다.

촉수를 세운 땡볕이 30도를 가리키는 한낮 여행자들이 놓치고 간 골목들이 두런두런대던 수다를 멈추고 다리를 길게 펼치며 하품을 한다.

12월 3일

침묵의 계절이 가고 질문의 계절이 왔다. 맑은 눈빛으로 반짝이는 하늘다람쥐와 놀란 눈을 마주친 아침. 낡은 오토바이들이 줄지어 서 있는 골목길에 들어선다.

쇠파리 오케스트라에 맞춰 기울어진 의자 곁에 졸고 있는 멍이와 양이. 인기척을

느끼자 멍이가 어슬렁거리며 내 곁으로 다가온다.

어쩌지? 목에 줄이 없네. 물릴까 봐 겁이 더럭 난다. 가던 발길을 멈추고 한 호흡을 내쉬자 아무런 일이 아니란 듯이 꼬리를 살랑거리며 제 갈 길로 간다. 에휴우~~

어디선가 새끼 잃은 어미 개가 밤새도록 컹컹 짖어 댄다. 밤잠을 거르신 수월 관음은 천 개의 팔로 저 어미의 산 같은 근심을 쓸어내려 주시겠지.

12월 7일

7시 새소리에 기상. 샤워를 끝내고 레스토랑으로 직진. 가는 복도 벽에는 아기 도마뱀들이 헛둘헛둘 벌써 근위대 의식을 거행하고 있다. 식탁보가 근사한 호텔 식탁에 포크 나이프 숟가락이 놓여 있다. 창가엔 시원한 분수가 아침을 선사하고 나는 아메리칸 세트를 주문한다. 우유, 오렌지주스, 따끈한 커피가 먼저 나오고 이어서 망고, 수박, 토마토가 담긴 접시가 온다. 스테이크 접시에는 샐러드와 베이컨, 햄, 그리고 버터와 잼에 그 순하디순한 눈빛까지.

친구는 내 뒤편의 나를 바라보고 나는 친구 뒤편의 친구를 응시한다.

12월 12일

스튜디오에 가서 태국 전통 황후 복장을 하고 인생샷!

: 태국 황후복장

265

12월 13일

에어포트 센트럴 프라자에서 작고 앙증맞은 케이크를 샀다. 와인도 한 병. 아, 붉은 장미를 찾다 찾다 간신히 분홍 장미 세 송이 사들고 들어온 친구. 〈예스터데이〉를 흥얼거리며 잊지 않고 차려 준 생일상. 목이 메인다.

12월 15일

어느 한적한 마을에 망고가 익고, 긴 냄새를 흩날리며 두리안이 익어 가고, 호텔 후미진 뒤란에서는 달그림자가 자란다. 애인도 애인을 만나러 갈 것 같은 흐린 날 한평생 이별을 배운 호텔 테라스 앞에는 가슴 튼실한 코코넛 나무가 잠잠히 서 있다가 제 이름을 부르자 갑자기 눈물을 흘리곤 했다.

:대마초 간판

12월 17일

　서울은 영하 15도의 한파인데 이곳은 붉디붉은 부겐벨리아로 거리가 붉고 하얀 꽃과 주황꽃으로 뒤덮인 고목나무들로 성황이다. 잎새들은 햇살 한 모금 베어 물고 웃는 얼굴로 날 아이처럼 흔들어 준다. 바람을 타고 놀다 심심해지면 수영장에 내려와 헤엄치며 논다. 햇살 좋아 못 이기는 척 나는 해먹에 누워 오수에 든다.

12월 18일

　여행의 바퀴는 법륜의 바퀴와 같다. 영원히 돌고 돈다. 한 세대가 다녀간 장소는 해가 지지만 또 다른 세대가 다니러 오면 다시 태양은 떠오른다. 여행은 부서지며 다시 이어지고 헤어지고 다시 만나 이어진다.

　여행은 튼실한 근육을 소비하고 순식간에 사라지는 장대비가 아니다. 사라지는 자신을 드러내는 동시에 종종 통제할 수 없는 늑대의 시간이 되어 자신을 제압한다. 도무지 정체를 파악할 수 없는 것처럼 보인다.

　여행은 대체 어디서 시작해서 어디에서 끝나는 것일까? 빈 곳은 어디이고 채워진 곳은 어디일까?

12월 19일

　나는 무엇으로 태어날까? 한 달 내내 하루도 거르지 않는 이 공양으로. 저녁 식사 후 산책길은 모기에게 피 공양하는 시간. 스쳐 지나가는 얼굴과 모기들은 다 어디로 가는가?

12월 20일

 그토록 하고 싶었던 해외 한 달 살이. 용기 있는 선택에 나이는 중요하지 않았다.

 차 마시고, 걷고, 명상하고, 씻고, 잠드는 단순한 일정. 오로지 나 자신에게만 집중하는 시간. 이곳에서는 내 이름도, 내 긴 머리칼도, 내 웃음도 다 내가 아니었다.

 나는 내가 여행한 모든 곳이고 내가 노래 부른 모든 노래였다. 나는 나의 진정한 데칼코마니를 만나기 위해 수천 마일을 여행했다. 경이에 찬 눈으로 산과 바다를 노래하고 새벽별에게는 목도리를, 구름의 서쪽 노을에게는 융단 같은 드레스를, 황금빛 사원에게는 편한 샌들을 신겨주고 함께 춤을 추었다.

몸에 소유를 줄인 어제는 선물!
입에 말을 줄인 오늘은 기적!

싸와디캅~ 코쿤캅~.

지구 재고 오르트
구름을 타고

Self, 여행을 켜다